MAKING OF LEATHER STATIONERY

皮革工艺 | 商务套件

日本 STUDIO TAC CREATIVE 编辑部 编
丁亮　陈江云　译

vol. 7

中原农民出版社
·郑州·

CONTENTS
目录

本书中介绍的办公用品 ····· 3

基本工具及其使用方法 ····· 6

办公用品的制作 ····· 15

ITEM 01　钥匙扣 ····· 12

ITEM 02　IC 卡套 ····· 24

ITEM 03　智能手机套 ····· 38

ITEM 04　钥匙包 ····· 62

ITEM 05　手拿包 ····· 82

ITEM 06　笔记本封套 ····· 110

SPECIAL ITEM 01　印花眼镜盘 ····· 146

SPECIAL ITEM 02　拉链笔袋 ····· 164

纸型 ····· 185

本书中介绍的
办公用品

ITEM 01

KEY HOLDER
钥匙扣

使用四合扣开合的圆环式钥匙扣。因为不需要缝合就能做出，推荐作为首次制作的作品。

P16

ITEM 02

IC CARD CASE
IC卡套

带有鸡眼扣的IC卡套。主体使用2块光滑面皮缝制而成，成品很有高级感。

P24

ITEM 03

SMART PHONE CASE
智能手机套

可以收纳iPhone6/6S大小的智能手机和记录笔等的智能手机套。

P38

ITEM 04
KEY CASE
钥匙包

可以放入4把钥匙的基本款钥匙包。为了便于装在皮包或者皮带圈上,装有龙虾扣。

p62

ITEM 06
DIARY COVER
笔记本封套

袖珍本A6大小的笔记本封套。左右两侧部分设计有口袋,并装备有笔插。

p110

ITEM 05
CLUTCH BAG
手拿包

能放入iPad mini等A5大小的平板电脑,以及身边小物件的紧凑型手拿包。

p82

本书中介绍的办公用品

GLASSES TRAY
[SOUL LEATHER]
印花眼镜盘

质朴设计的眼镜盘,由美丽的印花和染色装饰而成。特色是凸起的印花和渐变的染色。

p146

FASTENER PEN CASE
[CRAFT社]
拉链笔袋

使用便利的拉链式笔袋。如果是一般尺寸的笔,可以放入10支。

p164

基本工具及其使用方法

介绍制作过程中使用到的基本工具及其使用方法。手工皮具的初学者，请从这个专栏开始阅读。

照片：小峰秀世、柴田雅人

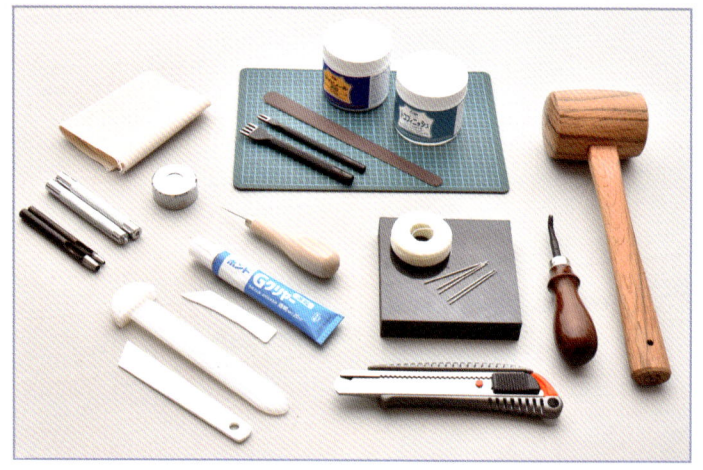

STC皮革制作工具套餐B

作品01~06，主要使用这个套装中的工具制作。如果有这个套装中的工具，就能进行手缝的基本操作以及大型吊钩的安装。

套装中的工具

▍圆锥

在皮革上描线、戳圆孔都需使用到圆锥。从针头处往上慢慢变粗，最大可以戳出1.6mm的孔。

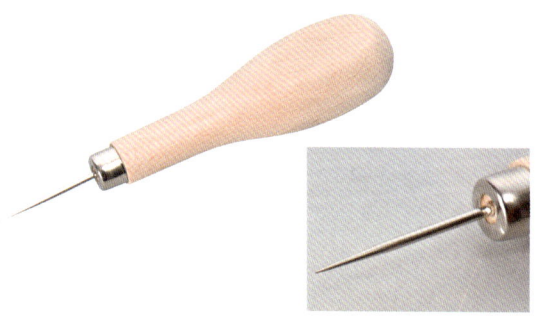

描线

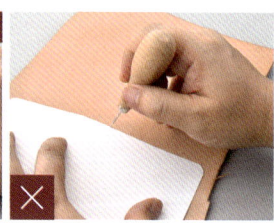

戳圆孔

描线时，将圆锥45°倾斜着使用。如果垂直着描线的话，会弄伤描好的皮革，同时描出来的线也会变得扭曲。

高低落差的地方、难以拉起的地方和请伸出的地方，使用圆锥戳出圆孔。戳孔时，垂直着皮面朝向内侧下去。

▎美工刀·切割垫板

裁切较厚的皮革时需使用大型美工刀。使用美工刀时下面需要垫上切割垫板。根据需求形状的不同,使用时的刀锋角度也有区分。

直线的裁切

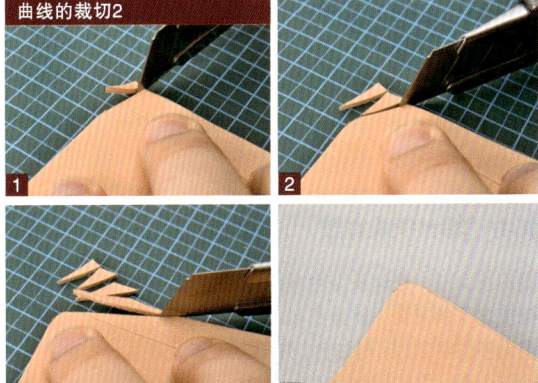

1. 裁切直线时,需要将刀刃放平,斜眺着进行裁切。
2. 长的直线则贴着直尺进行裁切。

曲线的裁切2

1・2・3. 沿着描好的线一点一点地变换角度,进行裁切。进行数次直线裁切也可以。

曲线的裁切1

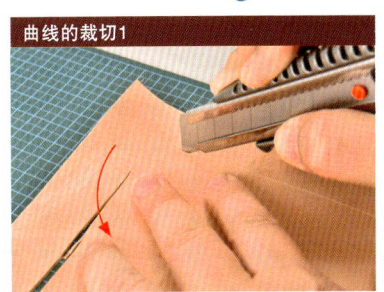

一口气裁切曲线的时候,适定住美工刀,像素中的样子转动皮革,就能裁切出很好的曲线。

▎研磨片

打磨边缘及微调形状时使用。研磨片的接触面做了粗糙处理,一面略粗,一面略细。

部位的打磨

边缘的加工

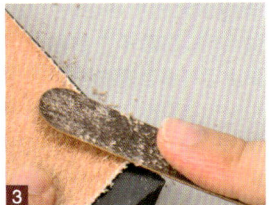

1. 打磨黏合部分时可使用略粗的一面。
2. 边缘处绕一圈整齐度时使用略粗的一面。
3. 边缘打磨成形时,一开始使用略粗的一面。打磨出大致形状后,使用略细的一面。

▎三用磨边器

打磨植鞣革的肉面及边缘的工具。另外，使用磨边器的沟状部分可以分别画出2mm、3mm、5mm宽的缝合线。

打磨肉面层

使用刀状扁平板打磨涂有床面处理剂的肉面层。

画线

将磨边器的沟状部分贴紧皮边，画出缝合线。

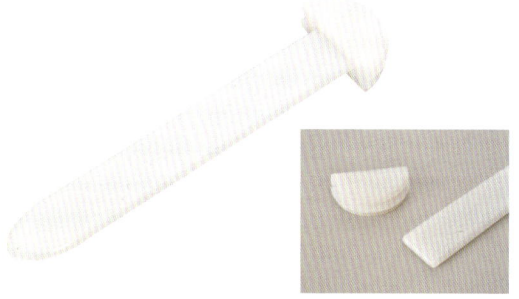

打磨边缘

1

1.使用刀状扁平板可以打磨边缘部位。

2

2.根据厚度将磨边器的沟状部分贴紧边缘打磨。

▎DIABOND强力胶

简称强力胶，是速干型合成橡胶黏合剂。它不仅用于皮与皮之间的黏合，就连布和金属等材质也能黏合。等放置到不黏手之后，再贴合，并用力压着。

基本使用方法

1

2

1.在需要贴合部分的苘面上涂上薄薄的一层强力胶。 2.晾干至手触过不黏手的状态。 3.因为黏合后再调整很困难，所以在非常精确地对好位置后，再用力按压下去。

3

▎白胶（100号）

适用于大面积贴合的水性黏合剂。在晾干之前贴合，贴上后可适当调整位置。

基本使用方法

用1胶片抠取白胶并使用。单面涂抹就可黏合，如果需要牢固黏合，可以将肉面都涂上。

基本工具及其使用方法

▌菱斩·木锤·橡胶板

菱斩是用来打缝合孔的工具，用木锤在皮革上敲击菱斩打孔。敲击菱斩时，在皮的下方垫上橡胶板，菱斩头就不会弄坏桌子等。

菱斩的齿数基本为2齿和4齿。斩脚的间距种类很多，套装中的菱斩是CRAFT公司的产品，间距为2mm。

木锤和橡胶板是菱斩的好搭档。

先做虚孔

缝合孔不是突然打出来的。先在离边缘3mm处画上缝合线，在缝合线上用菱斩轻轻地按压，做出虚孔，然后按照虚孔打出缝合孔。

打孔的基本方法

敲击菱斩时，保持菱斩竖直的状态并敲击。如果菱斩头偏斜了的话，背面缝合孔的位置就会出现偏差。

连续打孔的情况

连续打一段缝合孔时，可以将一个菱斩头搭到之前开好的最后一个缝合孔里。这样的话，能够确保打出来的孔之间的间隔是一致的。

9

手缝针·手缝线

手缝时要使用专用的手缝针以及经过涂蜡处理的手缝线（为了防止线的毛糙、磨损以及针脚松散，手缝线需要做涂蜡处理）。

各部件的裁切

一般需要准备缝合距离4倍长度的手缝线。根据皮革的厚度，需要做出调整。

穿针

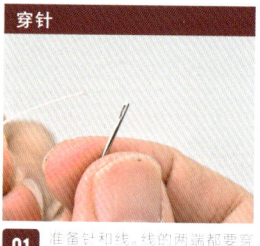

01 准备针和线。线的两端都要穿针。

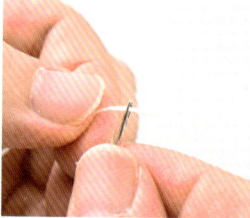

02 将线穿过针孔。

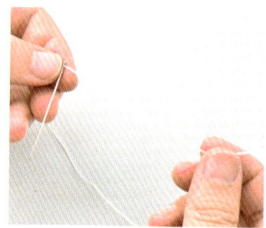

03 穿过针孔的线的前端多拉出10mm左右。

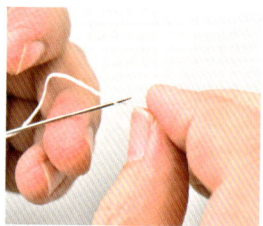

04 用针刺穿从针孔拉出的线。

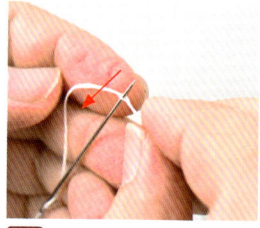

05 将刺穿的线往下拉到针的中间部分。

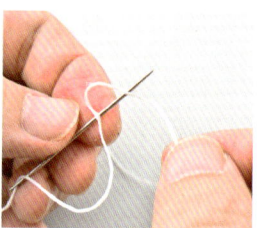

06 再用针刺穿刺下的线。

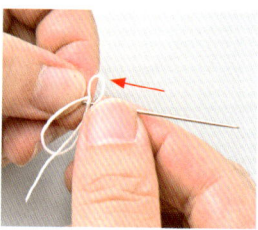

07 将针刺穿的两根线都往针的下部拉。

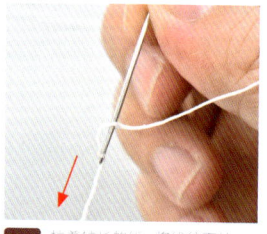

08 拉着较长的线，将线往下拉。

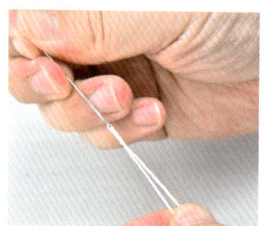

09 一直拉到线停止的地方。

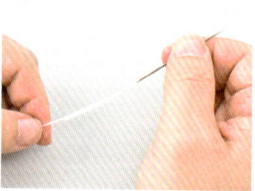

10 线穿好之后，将两根线捻合在一起。

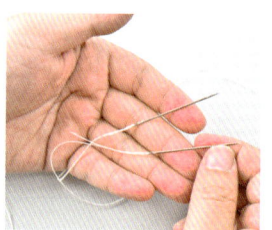

11 线的两端都穿好针的样子了。

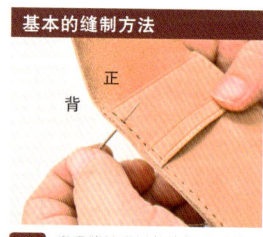

基本的缝制方法

01 将手缝针穿过从边缘顶头数起的第一个缝合孔。

基本工具及其使用方法

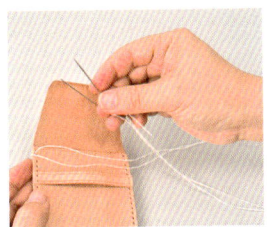
02 将手缝线穿过缝合孔之后,让前后两面穿出的手缝线长度相同。

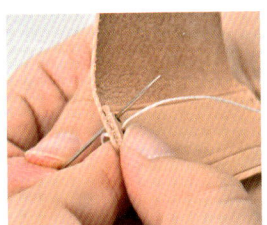
03 将手缝针从背面穿入,回缝到顶头的第二个缝合孔。

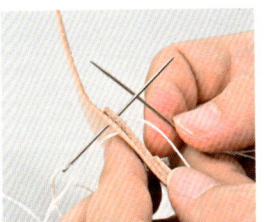
04 将正面的手缝针放在从背面穿过的手缝针的下面。

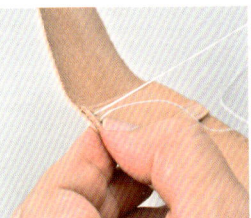
05 保持 04 的手法,将从背面穿过的手缝针拔出,拉出手缝线。

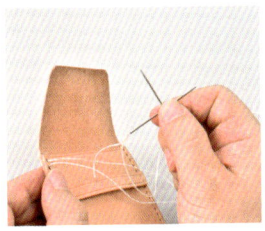
06 手缝线拉到停止的状态。

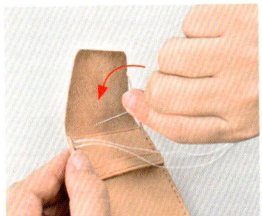
07 保持 06 的握针手法,将正面的手缝针翻转到上面。

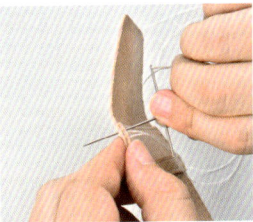
08 保持 07 的握针手法,将正面的手缝针穿过第二个缝合孔。

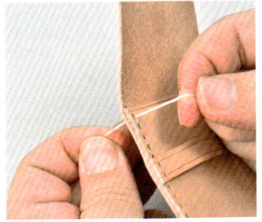
09 手缝针穿过之后,拉紧两边的线。

10 用同样的方法缝合顶头的缝合孔。

11 顶头的缝合孔缝好后,就按照本来的缝制方向缝合。

12 注意不要让手缝针刺穿之前穿过的手缝线。

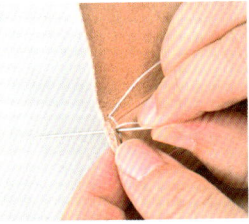
13 这样,顶头的三个缝合孔就成了双重缝线。

14 为了使两根手缝线不交叉在一起,调整手缝线的位置后再拉紧。

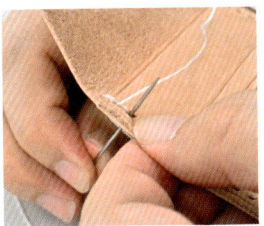
15 之后的孔也按同样的方式缝制。从背面穿过手缝针。

16 将正面的手缝针放在从背面穿过的手缝针的下面,两根手缝针叠在一起。

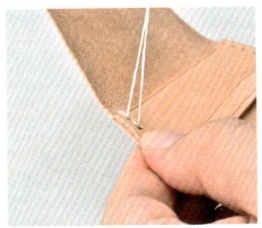
17 手缝针穿过后拉紧手缝线。

18 拉手缝线的时候,要保持住手缝针的重叠状态。

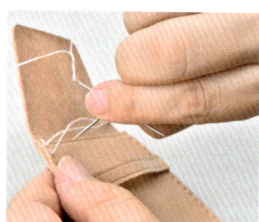

19 将正面的手缝针翻转到上面。

20 将正面的手缝针从背面穿过的缝合孔中穿过。

21 拉紧手缝线。就这样重复地缝制下去。

高低落差部分的缝制方法

01 缝制有高低落差的部分。

02 跟平第一样从背面将手缝针穿过。

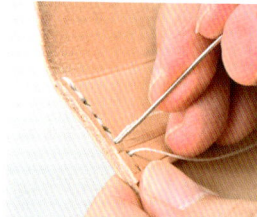

03 将 02 中从背面穿过的手缝针,再从正面的前一个缝合孔里穿过。

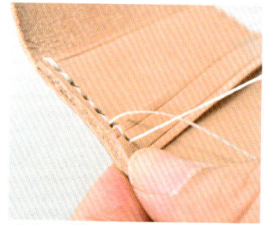

04 将 03 中返回的手缝线,再次从背面 02 中的缝合孔里穿过。

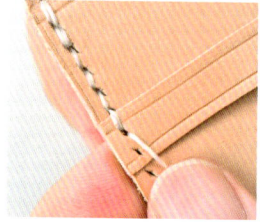

05 从正面穿过同一个缝合孔,就成了双重缝线。

手缝线的结尾

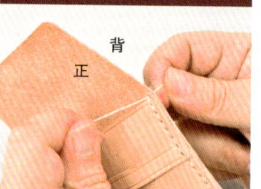

01 一直缝到最后的缝合孔,准备结尾。

02 缝制到最后,将背面的手缝针回缝一针。

03 正面的手缝针也回缝一针,结尾部分就成了双重缝线。

04 仅仅背面的手缝针再回缝一针。

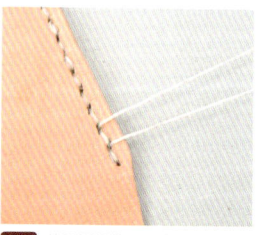

05 从正面回缝了两个孔。从背面拉出来两根线。

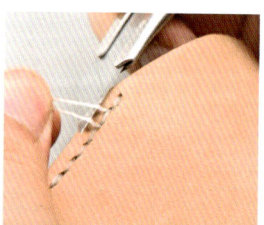

06 剪掉手缝线,留2~3mm长的线头。

07 手缝线藏掉的状态。注意，线头过长或者过短都不能很好地进行结尾。

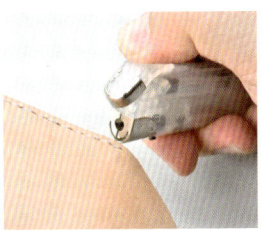
08 用打火机烧一下，将线头的前端烧熔。

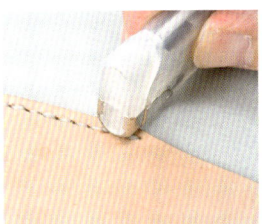
09 用打火机头按压烧熔掉的线头。

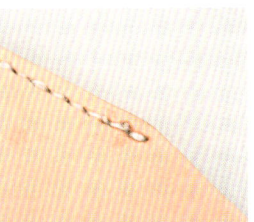
10 烧熔的线头不容易从缝合孔中脱落，这种方法称作烧结。

▍床面处理剂

打磨植鞣革的肉面及毛糙边缘的打磨剂。涂在肉面和边缘，使用三用磨边器打磨。

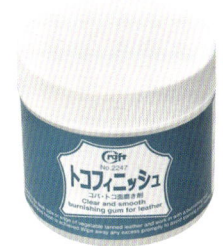

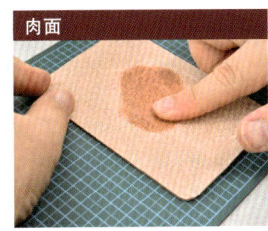
肉面

用手指或者上胶片将床面处理剂涂开，使用三用磨边器打磨。

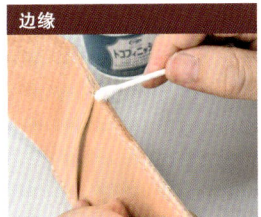
边缘

用棉签将床面处理剂涂开，使用三用磨边器或打磨用帆布打磨。

▍削边器

削掉皮边的棱角，可以制作出圆边的专门工具。从刮圆开始逐渐成形，能够简单地做出漂亮的边缘。

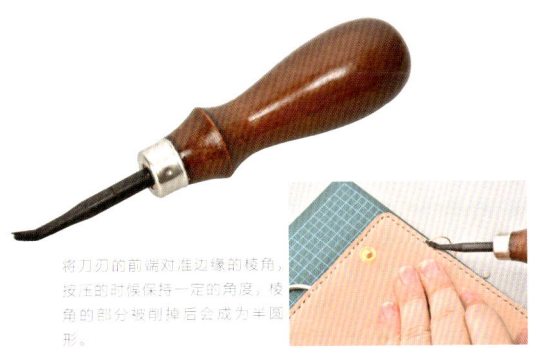

将刀刃的前端对准边缘的棱角，按压的时候保持一定的角度，棱角的部分被削掉后会成为半圆形。

▍打磨用的帆布

使用粗帆布容易产生摩擦热，但能够在短时间内打磨出漂亮的边缘。同时使用三用磨边器，边缘的打磨会很轻松。

1

2

1.用帆布头着边缘打磨。
2.放在台子上打磨两面。

圆斩

打孔用的工具。像使用菱斩一样，用木锤敲打圆斩以打孔。

四合扣打具

安装四合扣的专用工具。需要同打台组合使用。

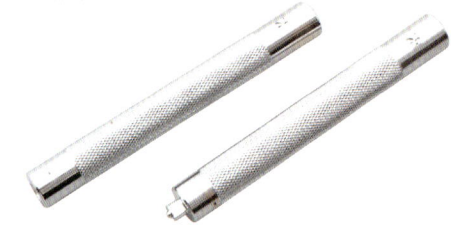

打孔的方法

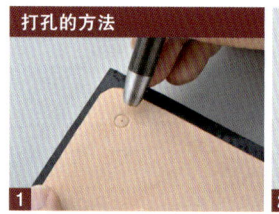 

1. 找准孔的中心位置，用圆斩在印记中心位置处做个虚孔。
2. 垫上橡胶板，将圆斩对准虚孔，用木锤敲击圆斩，就可打出孔。

打台

 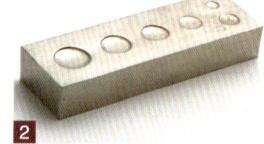

1. 套装中有的打台，北方广泛使用的通用型号打台。
2. 根据配件的不同尺寸设计的万用环状台，提高了安装的精度。

其他使用到的工具

鸡眼扣打具

安装鸡眼扣时的专用工具。需要同专门的打台组合使用。

直尺

一般的直尺就可以。但是，如果和美工刀配合使用，最好准备金属直尺。

固定扣打具

安装固定扣的工具。与打台或万用环状台组合使用。

打火机

进行烧结处理时会用到。

办公用品的制作

这里我们将解说8种办公用品的制作方法。
作品根据难易程度由易到难地排列。对于皮革工艺的初学者来说,根据顺序制作,可以逐渐提高制作水平。

ITEM 01　KEY HOLDER
钥匙扣

此为不用缝合、仅使用四合扣固定就能制作出的简朴的钥匙扣。调整皮革的颜色、种类和长度，以及扣环的形状，可做出原创的钥匙扣。

照片：小峰秀世

ITEM 01 钥匙扣

PARTS
材料

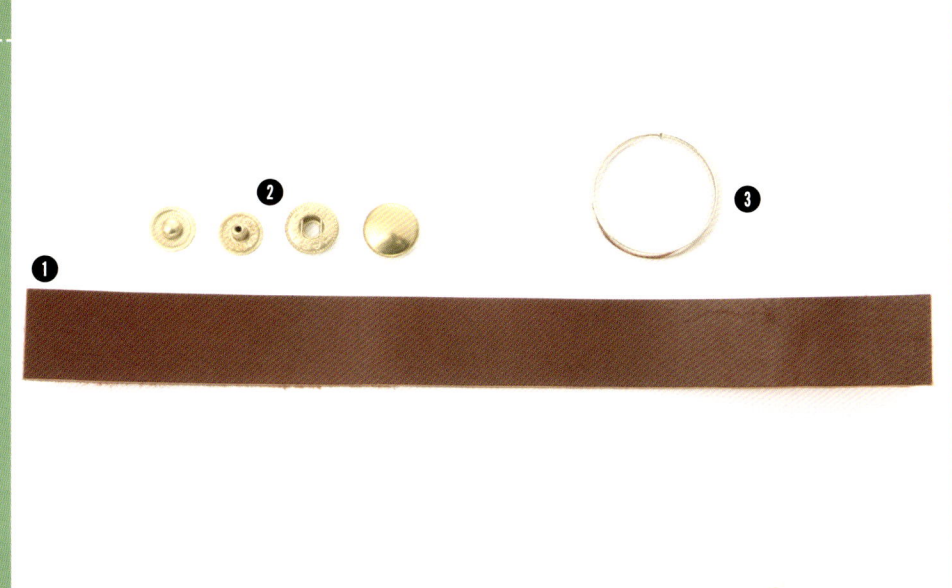

❶ 主体用皮：植鞣皮，1.5mm厚
❷ 四合扣(大)：1套
❸ 扣环：直径30mm

TOOLS
工具

- 美工刀
- 切割垫板
- 橡胶板
- 圆锥
- 木锤
- 四合扣打具
- 万用环状台
- 强力胶
- 直尺
- 圆斩（10号、18号）
- 削边器
- 打磨用的帆布
- 研磨片
- 床面处理剂

部件的裁切　　　　裁切出作为主体部件的皮条。纸型的尺寸是20mm×200mm，也可以根据个人喜好调整长度。

01 将裁切出来20mm×200mm皮条的前端部分裁切成半圆形，沿着切割垫板上的格线，分数次裁切。

02 一点一点地变更角度，反复使用直线裁切，将前端部分一定程度上裁切成半圆形。

03 使用研磨片将裁切好的边缘部分打磨成平滑的半圆形。

04 使用美工刀将另一端的角的前端部分稍微裁切去一点。

POINT

05 使用研磨片将 04 裁切掉的角部打磨平滑。

06 主体裁切结束的状态。

肉面和边缘的加工

因为这个钥匙扣没有需要缝合的部分,所以直接加工肉面和边缘。可以在边缘涂上喜欢的染料,整体感觉会发生变化。

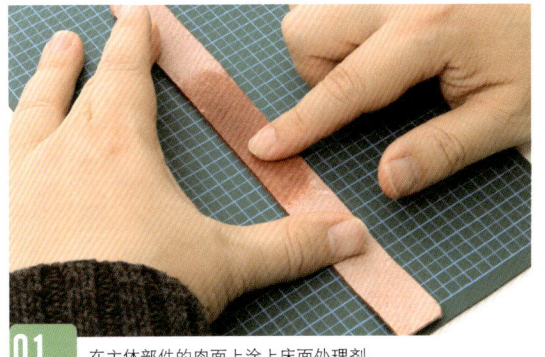

01 在主体部件的肉面上涂上床面处理剂。

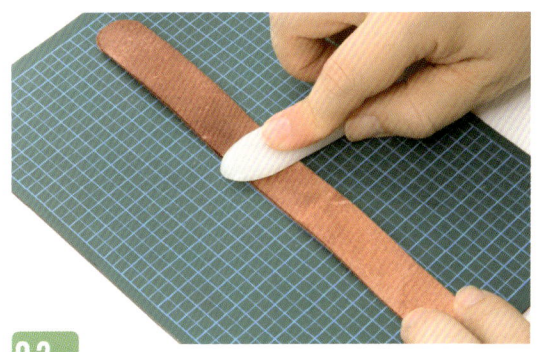

02 在床面处理剂干之前,使用三用磨边器仔细地打磨。

03 肉面侧的床面处理剂干了之后,使用削边器对皮面和肉面进行削边处理。

04 使用研磨片将削边处理后的边缘打磨成半圆形。

05 边缘成形后,可以在边缘染上喜欢的染料。如果不染色的话,就直接进入步骤  。

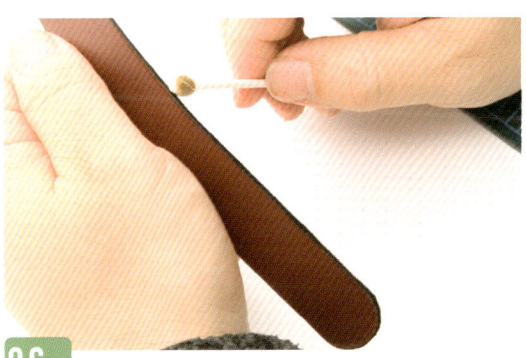

06 将边缘涂上床面处理剂。床面处理剂沾到皮面上会出现污痕,故注意不要溢出到皮面上。

肉面和边缘的加工

07 在床面处理剂干之前，使用打磨用的帆布打磨加工。

08 肉面和四周边缘都打磨加工后的状态。

扣环和公扣的安装

将主体的平头折弯并夹住扣环，用四合扣公扣固定住。

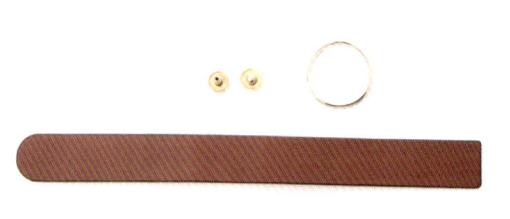

01 这里使用到的是主体、四合扣的公扣、扣环。

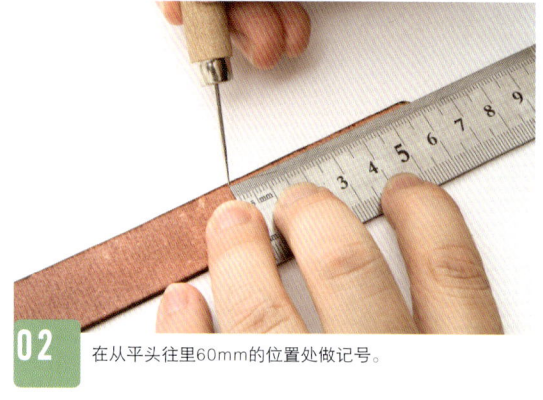

02 在从平头往里60mm的位置处做记号。

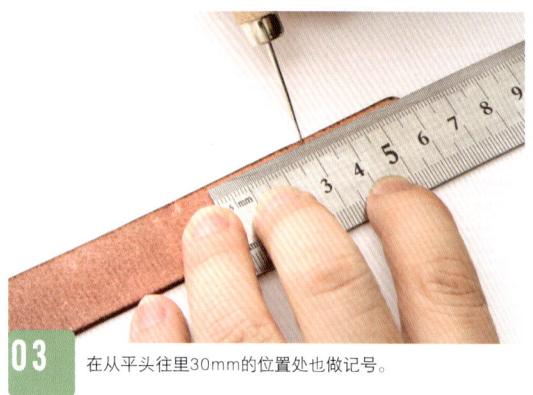

03 在从平头往里30mm的位置处也做记号。

POINT

04 使用研磨片将从平头往后约20mm的肉面打磨粗糙。

ITEM 01 钥匙扣

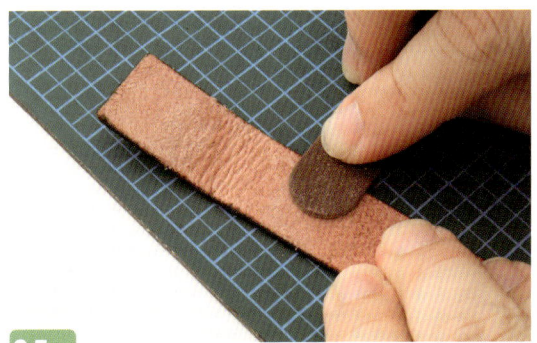

05 使用研磨片将从60mm的位置记号处往前约20mm的肉面打磨粗糙。

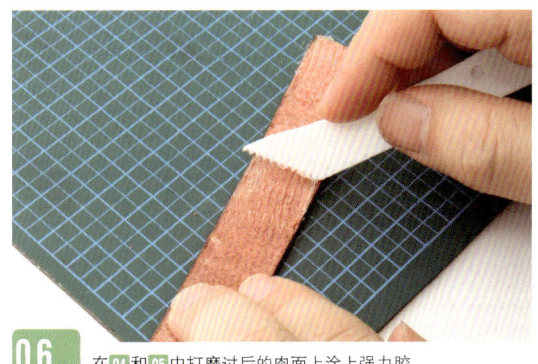

06 在 04 和 05 中打磨过后的肉面上涂上强力胶。

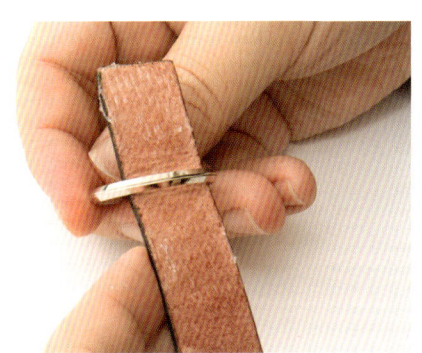

07 将钥匙圈穿过主体并安装到30mm印记的位置。

08 将30mm的位置处折弯。将皮条平头对准60mm印记的位置贴合。

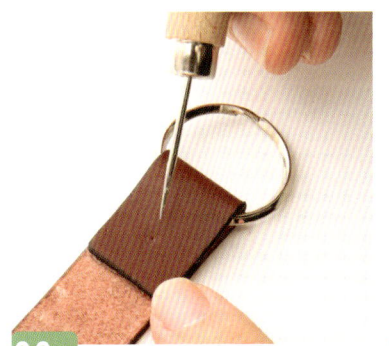 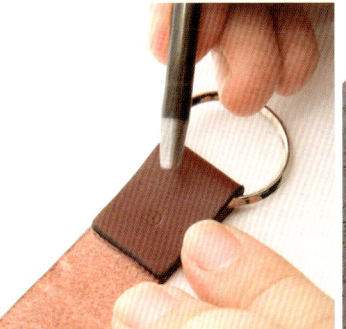 

09 在从皮条头往里10mm的位置(纸型上公扣的印记)处用圆锥做记号,使用10号圆斩在印记中央处做个虚孔。对准虚孔的位置,打出圆孔。

21

扣环和公扣的安装

10 将底座从主体的皮面侧穿进圆孔中。放到万用环状台的平整面上,将公扣盖到从圆孔中突出的底座上,使用四合扣打具将公扣固定。

11 扣环和公扣安装到主体上的状态。

母扣的安装

最后是四合扣母扣的安装。标准的位置在纸型上有标记,可以根据个人喜好进行微调。

01 将四合扣的母扣安装在裁切成半圆形的一端。

02 用圆锥在安装位置上做好记号,用18号圆斩做个虚孔。

ITEM 01 钥匙扣

03 定好圆孔的位置后,使用圆斩打出圆孔。

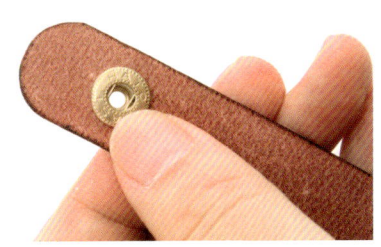

04 将母扣安装到打出的圆孔上。母扣从肉面侧安装,注意不要弄错。

05 将面盖放置到万用环状台对应尺寸的凹槽里。

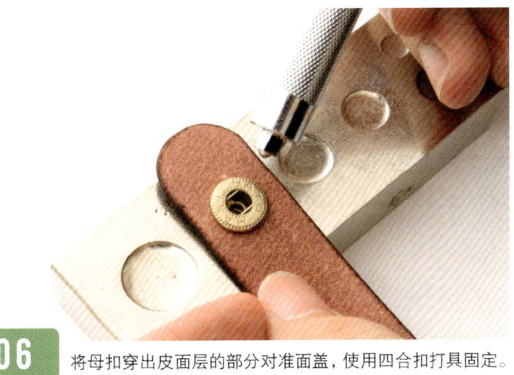

06 将母扣穿出皮面层的部分对准面盖,使用四合扣打具固定。

完成

确认四合扣是否安装稳固。没有问题的话,钥匙扣就完成了。

23

ITEM 02 — IC CARD CASE
IC卡套

用起来非常顺手的皮质IC卡套。IC卡每天都会使用到，因此，使用的便利性很重要。安装了大口径的鸡眼扣，能够轻松地挂到包或胸牌上。

照片：小峰秀世

ITEM 02 IC 卡套

PARTS
材料

❶ 主体用皮：植鞣皮，1mm厚
❷ 鸡眼扣（中，No.20）：1套

TOOLS
工具

- 美工刀
- 切割垫板
- 橡胶板
- 圆锥
- 上胶片
- 固体胶
- 直尺
- 手缝针
- 手缝线（细）
- 床面处理剂
- 三用磨边器
- 菱斩
- 木锤
- 削边器
- 研磨片
- 白胶（100号）
- 鸡眼扣打具（中）
- 圆斩（25号）
- 棉签
- 打磨用的帆布
- 打火机

制作纸型

将纸型放大并贴在硬纸板上。按照纸型裁切掉硬纸板上多余的部分，就完成了临摹轮廓用的纸型。

01 准备好复印好的纸型和硬纸板。

POINT

02 用固体胶在硬纸板表面均匀涂抹。

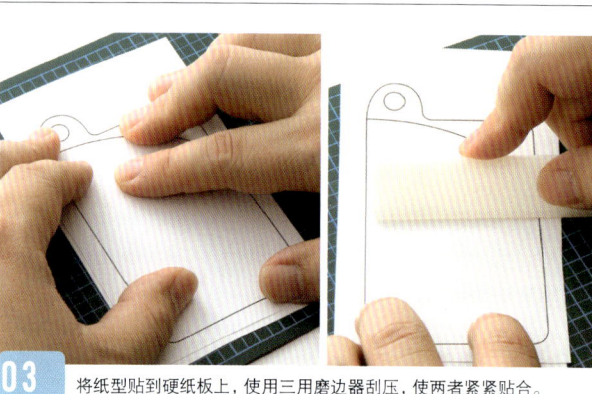

03 将纸型贴到硬纸板上，使用三用磨边器刮压，使两者紧紧贴合。

04 等到胶完全干透后再裁切纸型。

POINT

05 将美工刀稍微立起，裁切曲线部分。

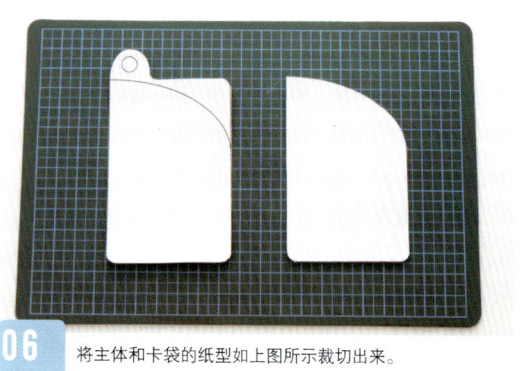

06 将主体和卡袋的纸型如上图所示裁切出来。

ITEM 02 IC 卡套

各部件的裁切

根据纸型裁切皮革。主体是由两张皮贴合而成,所以这里只裁切表面的部件。

01 将各部件的纸型放在皮面上,用圆锥描出轮廓。

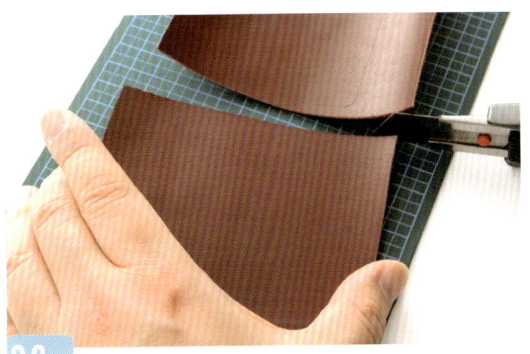
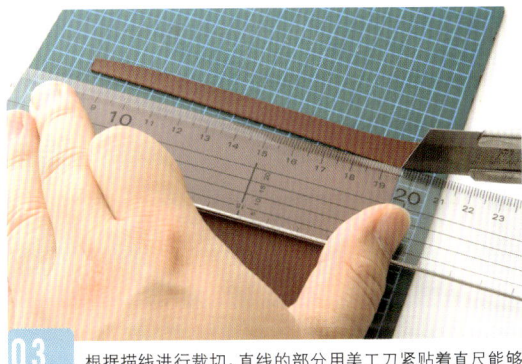

02 根据描出的轮廓线,稍微往外一点,进行粗裁。

03 根据描线进行裁切。直线的部分用美工刀紧贴着直尺能够裁切得很漂亮。

POINT

04 曲线部分的裁切跟裁切纸型时一样,美工刀的刀刃要稍微立起。

05 曲线部分一口气裁切困难的情况下,也可以分数次进行直线裁切。

各部件的裁切

06 裁切卡袋上边的曲线部分时，尽可能转动部件，裁切平滑。

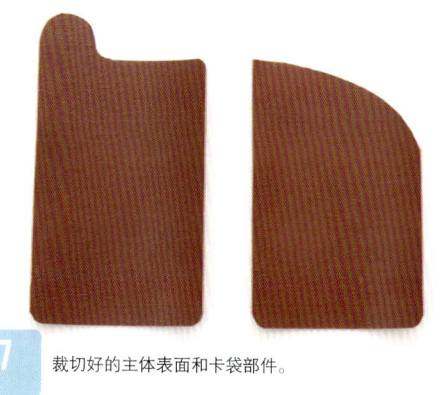

07 裁切好的主体表面和卡袋部件。

主体的黏合

将主体的表面和背面进行黏合。将已裁切的主体的表面部件与没有裁切的皮黏合后，再根据主体表面的形状进行裁切。

01 在未裁切的主体背面用皮的肉面上，均匀涂上跟主体部件差不多大小范围的白胶。

02 在已经裁切好的主体表面的肉面上涂上白胶。边边角角也要涂上。

03 将主体部件背面和表面的肉面黏合并紧紧压合。

04 白胶完全干透之后，根据主体表面的形状裁切主体背面。

ITEM 02 IC卡套

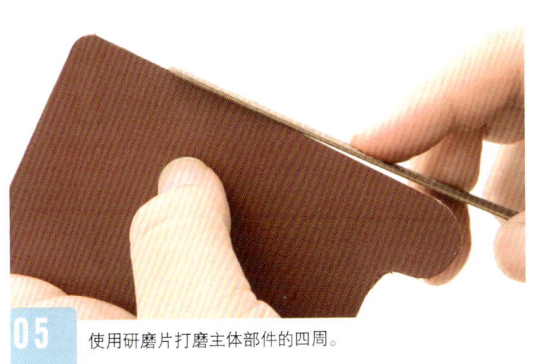

05 使用研磨片打磨主体部件的四周。

裁切好之后,主体部件就变成了双皮面。

06

卡袋的准备

在卡袋和主体黏合之前,需要对其肉面和上边边缘进行处理。这样做是因为黏合之后就不能进行相关处理。

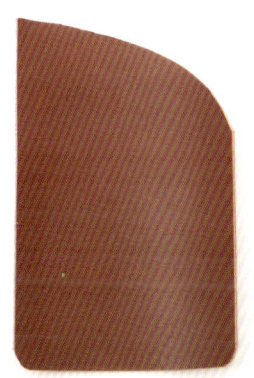

卡袋的部件需要打磨完肉面后使用。

01

在卡袋的肉面上均匀涂抹床面处理剂。

02

使用三用磨边器打磨涂抹了床面处理剂的肉面。

03

29

卡袋的准备

04 使用研磨片将上边边缘打磨成形。

POINT

05 上边边缘打磨成形后,用研磨片对边缘进行刮圆成形处理。

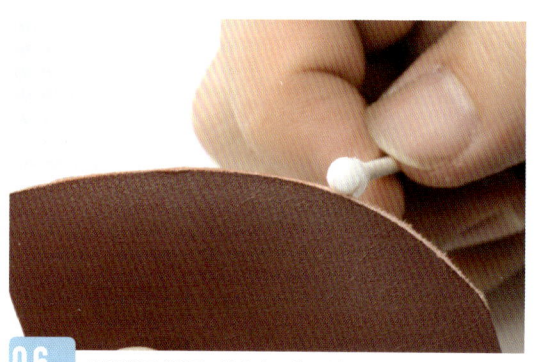

06 边缘刮圆成形后,涂上床面处理剂。此时可以根据喜好进行染色。

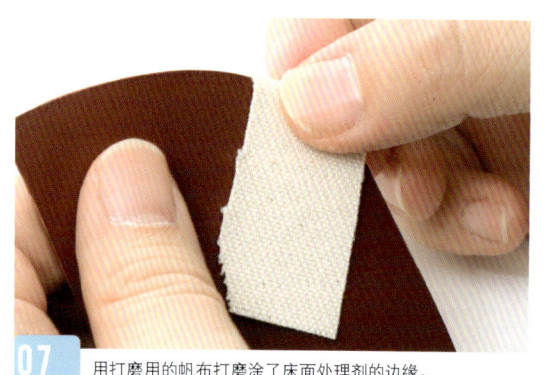

07 用打磨用的帆布打磨涂了床面处理剂的边缘。

打磨完成后,卡袋的准备工作就结束了。

08

POINT

确认制作顺序的重要性

多个部件组合的情况下,要先确认组合的顺序。组合之后就不能进行处理作业,所以肉面和边缘的处理要提前做好。
如果顺序不能很好把握,作品的外观也会发生变化。

主体与卡袋的缝制

将卡套的主体与卡袋缝合。改变卡袋的安装面,鸡眼扣的朝向(靠左或靠右)也会发生变化。

部件的黏合

01 纸型上的鸡眼扣是朝向左边,但是也可以将主体反过来,使鸡眼扣朝向右边。

02 将主体和卡袋贴合在一起。对齐后,用圆锥在左侧贴合处轻轻地做上记号。

03 右侧的贴合处也用圆锥轻轻地做上记号。

04 根据02和03中做好的记号,使用美工刀的刀背在主体边缘刮出约3mm宽的粗糙面。

05 卡袋除了上边缘之外,其他三边的肉面同样刮出约3mm宽的粗糙面。

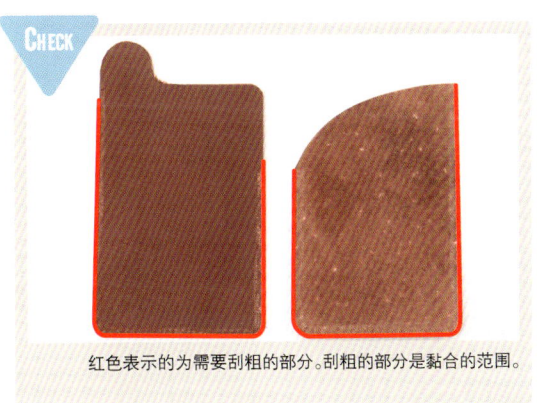

CHECK 红色表示的为需要刮粗的部分。刮粗的部分是黏合的范围。

主体与卡袋的缝制

06 在刮粗处理后两部件的黏合范围内涂上白胶。

07 将主体和卡袋的三边位置对齐，黏合在一起。

08 白胶干透之后，使用研磨片将贴合部分的边缘打磨平整。

09 在卡套的周围画出3mm宽的缝合线。

POINT

10 将卡袋的边缘部分作为基点，依照缝合线用菱斩压出最初的虚孔。

CHECK

以基点为中心，在主体上也压上虚孔。孔的位置对不全的时候，适当调整孔之间的间隔。

ITEM 02 IC卡套

POINT

11 曲线部分也使用2齿菱斩做出虚孔。

12 已做好缝合孔虚孔的状态。

打缝合孔

POINT

13 转角的部分使用圆锥扎孔。

14 根据虚孔,使用菱斩打出缝合孔。

15 打完全部缝合孔的状态。

缝制

16 测量缝制距离,准备是其长度4倍的手缝线,两端都穿上手缝针。

33

17 从哪个位置开始缝都可以。起点的孔也即终点，需要双重缝制。

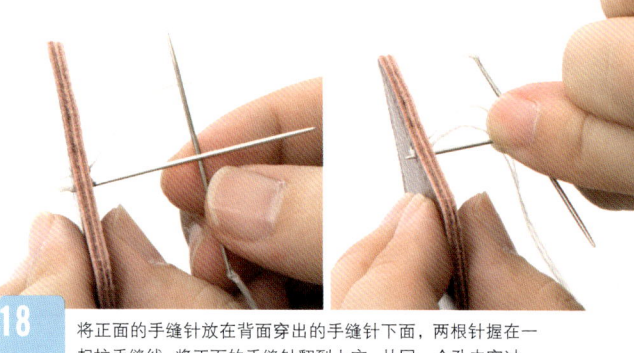

18 将正面的手缝针放在背面穿出的手缝针下面，两根针握在一起拉手缝线。将正面的手缝针翻到上方，从同一个孔中穿过。

19 注意手缝线的交叉顺序不要弄错，继续缝制。

20 卡袋边缘部分使用双重缝制，加以补强。

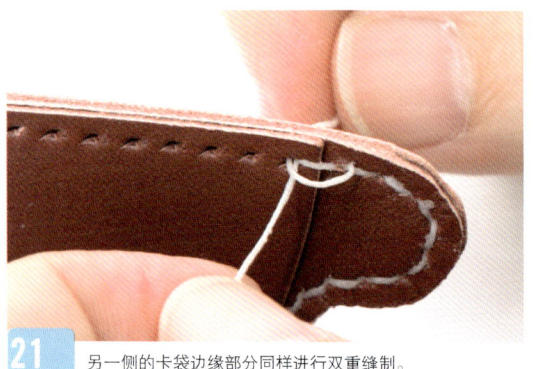

21 另一侧的卡袋边缘部分同样进行双重缝制。

22 缝制到开始的位置为止。

ITEM 02 IC 卡套

23 在起点的缝合孔重复缝制。

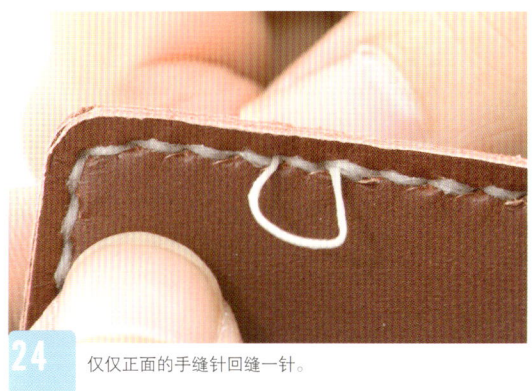

24 仅仅正面的手缝针回缝一针。

25 缝制结束,将两根手缝线从背面拉出后剪掉,保留2~3mm的线头。

26 用打火机烧熔线头的前端。注意不要烧焦皮革。

27 用打火机按压烧熔的线头。

28 四周缝制结束的状态。

35

安装鸡眼扣

安装鸡眼扣。此处使用的鸡眼扣是中号，需要使用25号圆斩开孔。

`01` 用圆斩在主体安装鸡眼扣的位置做虚孔记号。

`02` 根据虚孔打出安装孔。

`03` 将鸡眼扣的圆圈从主体的表面安装到孔里。

`04` 从背面将垫圈与圆圈边对齐安装。

`05` 将圆圈那一面放到打台上，使用鸡眼扣打具敲击，安装便完成了。

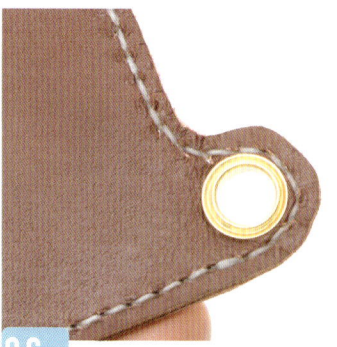

`06` 确认鸡眼扣是否紧紧嵌合在一起。

边缘加工

打磨处理主体四周的边缘。如果边缘染色，建议使用比主体更深的颜色，使作品更吸引眼球。

01 使用木锤侧面敲击缝合孔，使针脚平整。

02 使用削边器处理主体正反两面的边缘。

03 使用研磨片将削边处理后的边缘打磨成半圆形。

04 对边缘进行染色，并在上面涂上床面处理剂。

05 用打磨用的帆布打磨涂了床面处理剂的边缘。

完成

06 完成。插拔IC卡，确认使用的感觉。

ITEM 03

SMART PHONE CASE
智能手机套

现如今智能手机已成为生活必需品。此为能够安装到腰带或皮带上的智能手机套。纸型是iPhone6/6s和记录笔等都能放入的尺寸。

照片:小峰秀世

ITEM 03 智能手机套

PARTS
材料

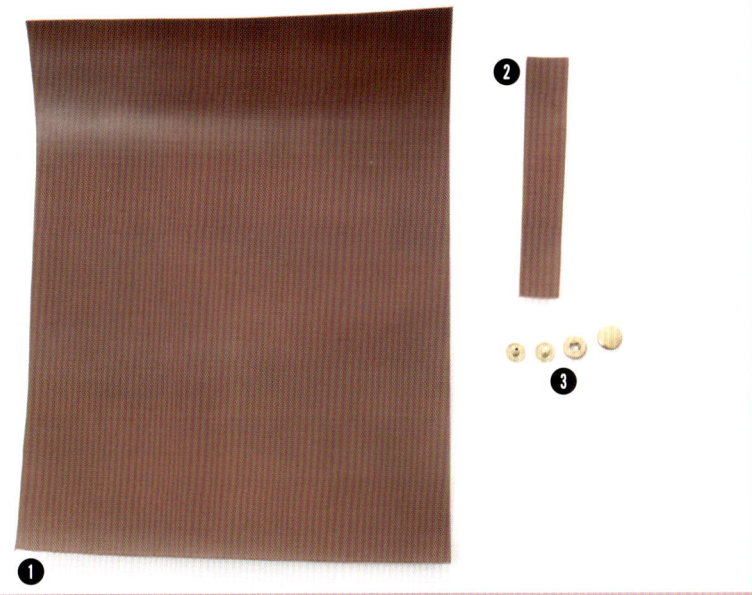

❶ 主体用皮：植鞣革，1mm厚
❷ 四合扣（大）：1套
❸ 环扣用皮：植鞣革，1.5mm厚

TOOLS
工具

- 美工刀
- 切割垫板
- 橡胶板
- 圆锥
- 三用磨边器
- 菱斩
- 木锤
- 手缝针
- 手缝线
- 床面处理剂
- 打磨用的帆布
- 打火机
- 强力胶
- 白胶
- 直尺
- 砂磨片
- 固体胶
- 削边器
- 上胶片
- 棉签
- 圆斩（10号、18号）
- 四合扣打具（大）
- 万用环状台

39

各部件的裁切

根据纸型裁切各部件。仅仅环扣使用1.5mm厚的植鞣革，其他部件使用1mm厚的植鞣革。

01 将裁切好并贴在硬纸板上的纸型，放在植鞣革的皮面上，用圆锥画出轮廓线。

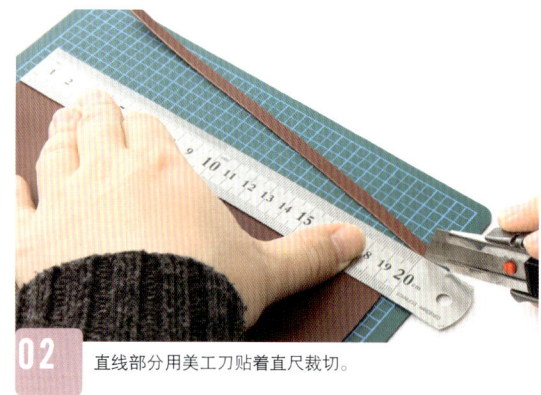

02 直线部分用美工刀贴着直尺裁切。

03 裁切曲线部分的时候，美工刀固定不动，转动皮革进行裁切，这样可以很好地裁切出来。

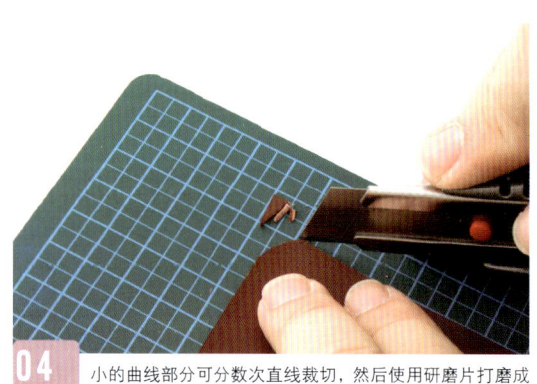

04 小的曲线部分可分数次直线裁切，然后使用研磨片打磨成平滑的形状。

05 裁切完毕的各个部件。

各部件的肉面处理

对主体和环扣的肉面进行打磨处理。主体的盖子部分有内衬,所以不需要打磨。

POINT

01 在主体的肉面上,根据盖子的内衬做上安装的印记。

02 在需要打磨的肉面上涂抹床面处理剂。

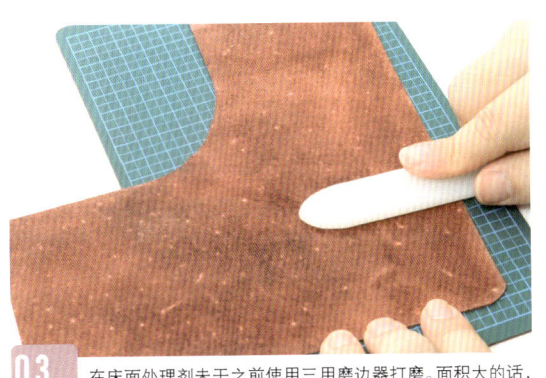

03 在床面处理剂未干之前使用三用磨边器打磨。面积大的话,可以分几次进行打磨。

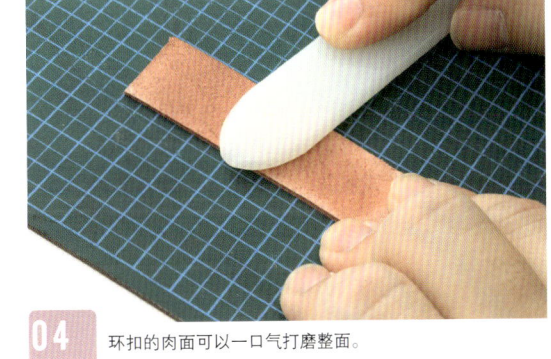

04 环扣的肉面可以一口气打磨整面。

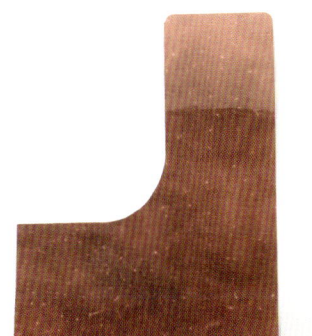

05 主体和环扣的肉面打磨完的状态。

POINT

不打磨黏合面

用床面处理剂打磨过后的肉面,黏合剂的附着性很不好。如果黏合面小的话,可以在后面的工序中再磨粗。但若黏合面很大,则此时不要打磨黏合面。

环扣的准备

在主体的背面安装的环扣,在安装到主体上之前要处理好四周的边缘。

01 准备环扣的部件。

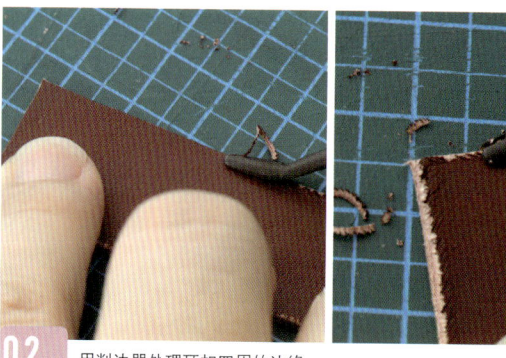

02 用削边器处理环扣四周的边缘。

03 肉面侧的边缘也同样进行削边处理。

04 使用研磨片将削边处理后的边缘打磨成半圆形。

05 在打磨成形的边缘上涂上染料,再涂上床面处理剂。用打磨用的帆布打磨边缘。

ITEM 03 智能手机套

06 边缘打磨到一定程度后，放置到桌子上，仔细地打磨肉面和皮面的边缘。

07 环扣的边缘加工完成的状态。

盖子内衬的安装

给主体的盖子部分贴上内衬。盖子开合的时候经常受力，如果不做内衬的话，顶端很快就会弯曲变形。

01 准备主体和盖子的内衬。

部件的黏合

02 在主体准备安装内衬的部分（没有打磨的部分）和内衬的肉面上涂上白胶。

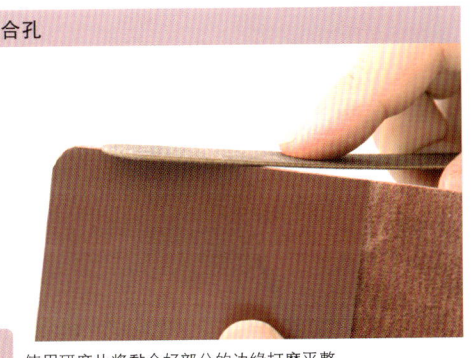

03 对齐边缘的位置，将主体和内衬黏合。

打缝合孔

04 使用研磨片将黏合好部分的边缘打磨平整。

盖子内衬的安装

05 在内衬侧的边缘画出3mm宽的缝合线。

POINT

06 按照缝合线,用圆锥在两边高低落差的部分扎出基准缝合孔。

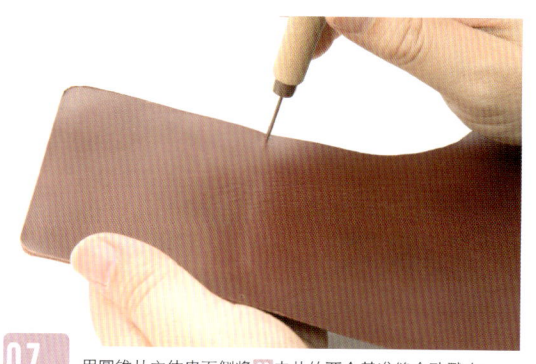

07 用圆锥从主体皮面侧将 06 中扎的两个基准缝合孔戳大。

08 在主体的皮面侧边缘,画上3mm宽的缝合线,连接两个基准缝合孔。

09 按照 06 中画的缝合线,用菱斩做出虚孔。

10 按照虚孔打出缝合孔。

ITEM 03 智能手机套

11 转角的部分使用2齿菱斩打出缝合孔。

12 盖子内衬黏合好后的部分打好缝合孔的状态。

缝制

13 准备需缝制部分4倍长的手缝线，两头都穿上手缝针。

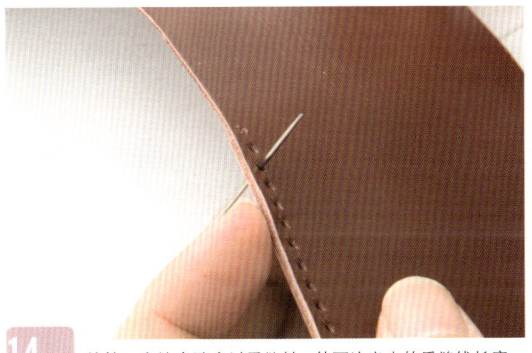
14 从第二个缝合孔穿过手缝针，使两边出来的手缝线长度一致。

15 回缝到基准缝合孔。

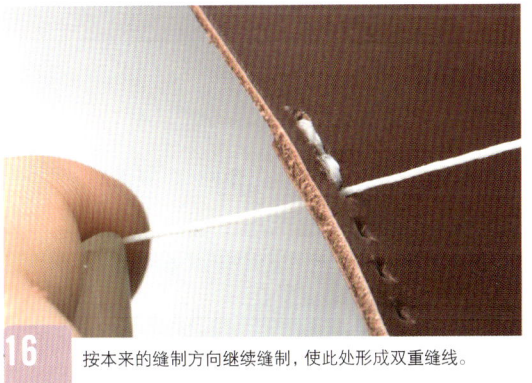
16 按本来的缝制方向继续缝制，使此处形成双重缝线。

盖子内衬的安装

17 使手缝线保持一定的交叉方向,以平缝的方式缝制下去。

18 缝制到另一侧的基准缝合孔为止。

19 两面皆回缝一针,使边缘部分形成双重缝线。

20 表面侧的手缝针再多回缝一针。

21 只有表面侧多回缝了一针,所以缝制结束后两根手缝线都是从里面侧穿出的。

22 剪掉多余的线,保留2~3mm的线头,用打火机做烧结处理。

ITEM 03 智能手机套

23 用木锤侧面轻轻敲打，使针脚平整。注意不要弄伤植鞣革的皮面。

边缘的加工

24 用研磨片将缝合好部分的边缘垂直打磨平整。

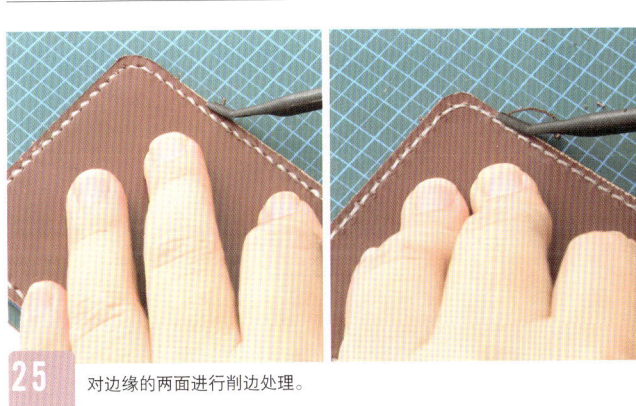

25 对边缘的两面进行削边处理。

26 使用研磨片将边缘打磨成半圆形。

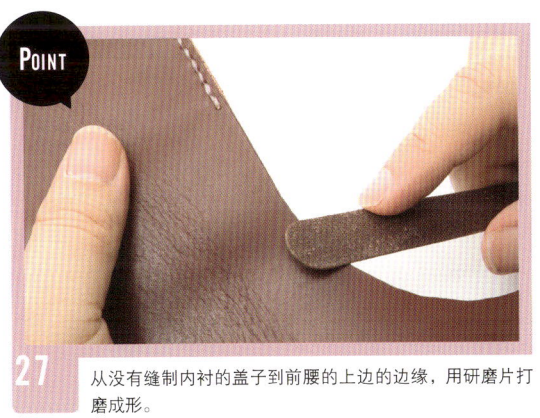

POINT

27 从没有缝制内衬的盖子到前腰的上边的边缘，用研磨片打磨成形。

28 给边缘涂上染料。

47

盖子内衬的安装

POINT

29 盖子到前腰上边的边缘也要涂上染料。

30 边缘染色之后，涂上床面处理剂。

31 用打磨用的帆布打磨边缘。

32 最后放置在桌子上，仔细地打磨正反两面的边缘。

33 红色表示的就是打磨好的边缘。

安装四合扣

在主体上安装四合扣。盖子上安装母扣,前腰上安装公扣。

01 准备主体和一套四合扣。不要弄错安装的位置和方向。

02 将纸型贴到主体上,在安装四合扣的位置处做记号。这部分是盖子,需要安装母扣。

03 同样利用纸型做好公扣的记号。母扣处(盖子)用18号圆斩,公扣处(前腰)用10号圆斩,在皮面上做虚孔。

04 对准虚孔,打安装四合扣用的孔。

05 前腰部分使用10号圆斩打公扣的安装孔。

安装四合扣

06 从盖子里侧安装母扣。

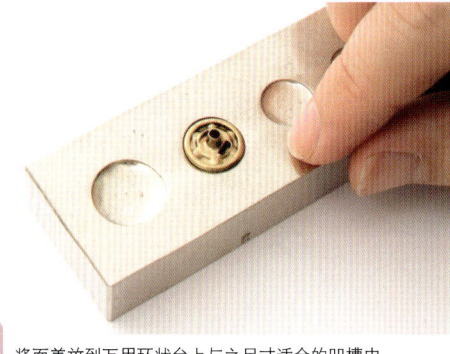

07 将面盖放到万用环状台上与之尺寸适合的凹槽中。

08 将母扣从盖子穿出的部分对准面盖。

09 使用母扣用四合扣打具将母扣固定。

POINT

10 从前腰部分的肉面侧穿入公扣底座,将公扣盖到从皮面凸出的底座上。

11 放在万用环状台的平整面上，用公扣用四合扣打具敲打固定。

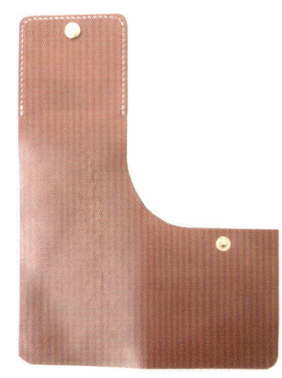

12 主体上安装好四合扣的状态。

安装环扣

在主体的后腰部分安装环扣。环扣的安装是有顺序的，根据顺序认真地确认并制作。

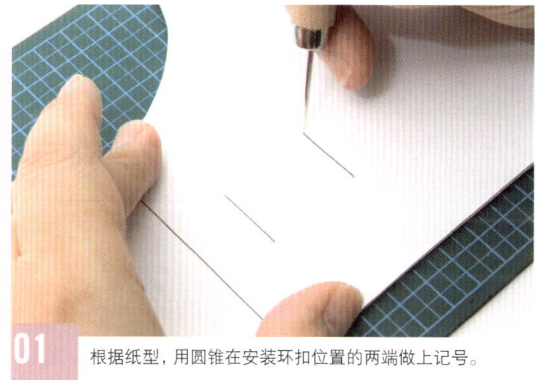

01 根据纸型，用圆锥在安装环扣位置的两端做上记号。

02 连接 **01** 中做的记号，画出安装位置的线。

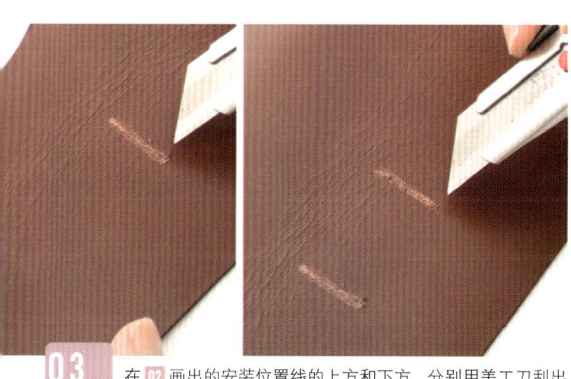

03 在 **02** 画出的安装位置线的上方和下方，分别用美工刀刮出3mm宽的粗糙面。

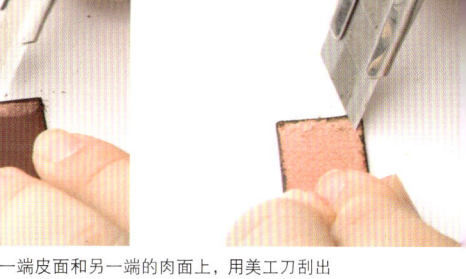

04 在环扣短边的一端皮面和另一端的肉面上，用美工刀刮出3mm宽的粗糙面。

安装环扣

05 将环扣刮粗皮面的一端作为上边。在粗糙面上涂上强力胶。

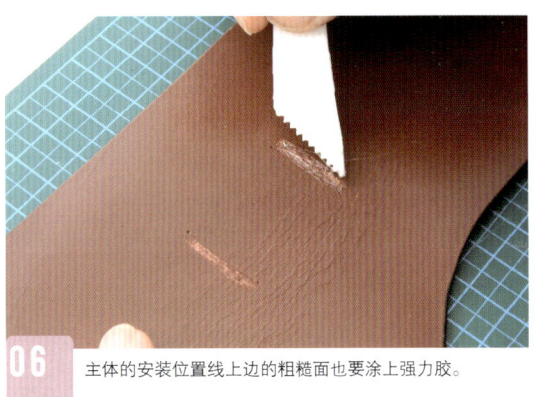

06 主体的安装位置线上边的粗糙面也要涂上强力胶。

07 将环扣和主体黏合到一起。

08 主体和环扣黏合之后,在环扣黏合的一端画上3mm宽的缝合线。

POINT

09 根据缝合线的位置,用圆锥在主体上扎出基准缝合孔。

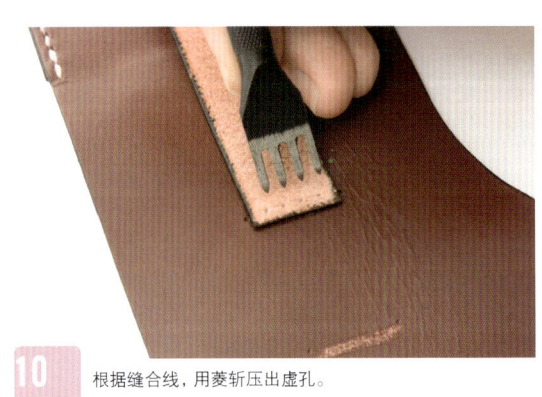

10 根据缝合线,用菱斩压出虚孔。

ITEM 03 智能手机套

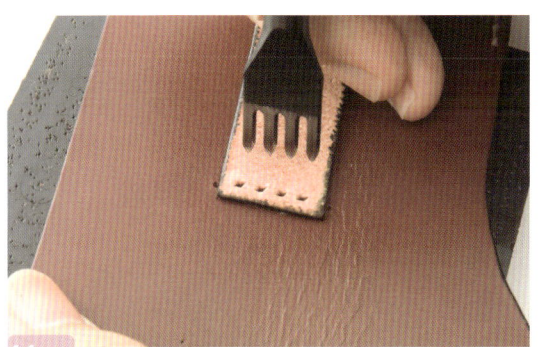
11 根据虚孔打出缝合孔。

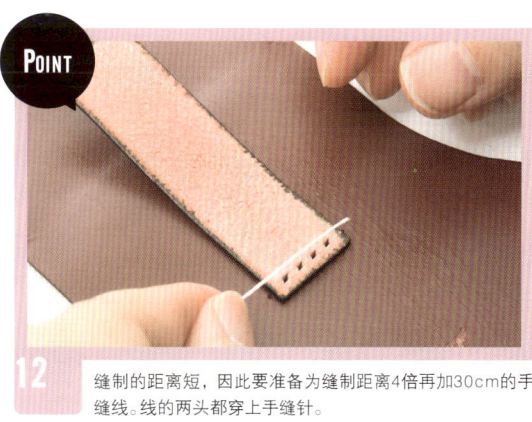
POINT
12 缝制的距离短,因此要准备为缝制距离4倍再加30cm的手缝线。线的两头都穿上手缝针。

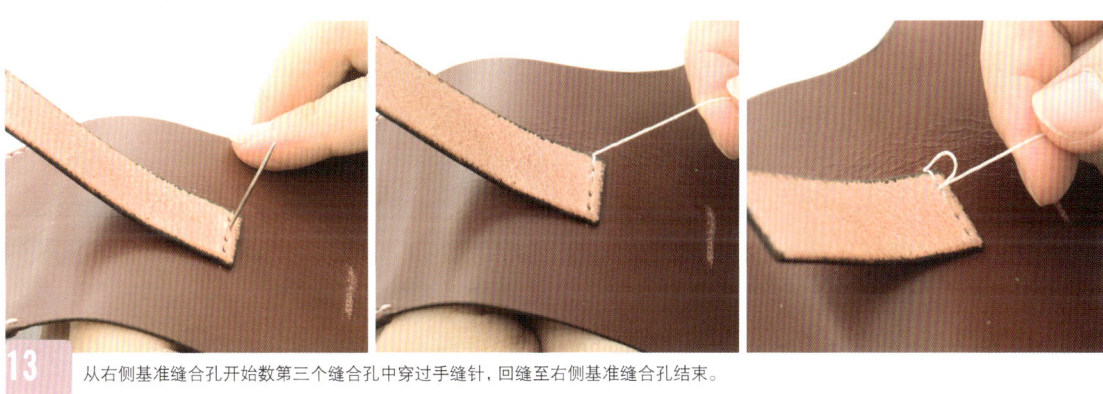
13 从右侧基准缝合孔开始数第三个缝合孔中穿过手缝针,回缝至右侧基准缝合孔结束。

14 继续缝制到左侧基准缝合孔。

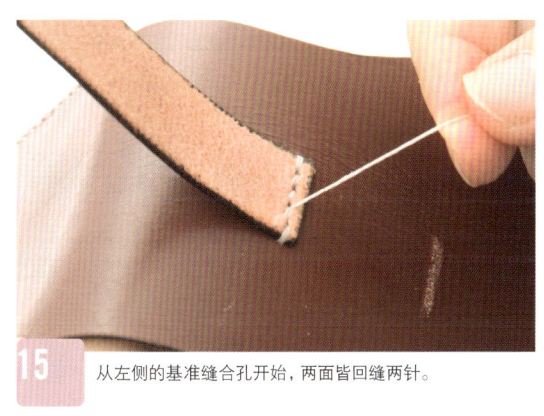
15 从左侧的基准缝合孔开始,两面皆回缝两针。

安装环扣

16 仅仅主体表面的针再多回缝一针。

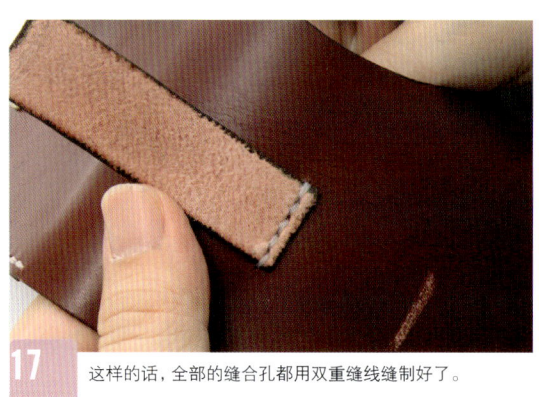

17 这样的话,全部的缝合孔都用双重缝线缝制好了。

18 用打火机对线头做烧结处理。

19 在刮粗的环扣肉面上涂上强力胶。

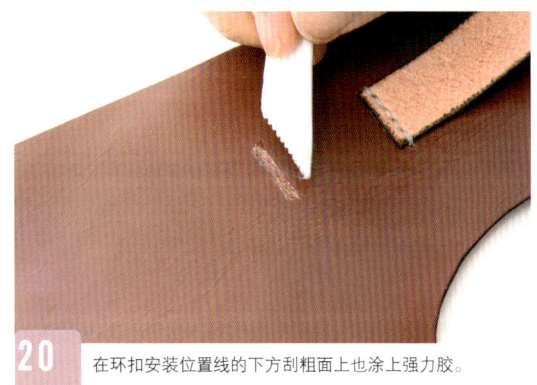

20 在环扣安装位置线的下方刮粗面上也涂上强力胶。

Point

21 弯曲环扣,将涂有强力胶的环扣肉面和后腰的安装位置对齐,黏合好。

ITEM 03 智能手机套

22 在黏合好的环扣上画上缝合线，打出缝合孔。

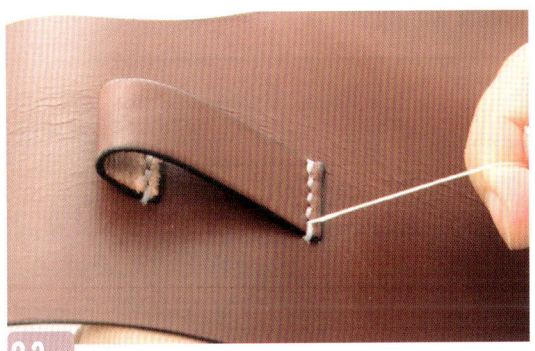

23 以同样的方式缝制环扣的下边。

24 主体上安装了环扣的状态。

遮住公扣的底座

安装在前腰上的公扣底座裸露在外，很容易划伤智能手机，因此需贴上保护用的皮。

01 在1mm厚的植鞣革上，裁切出直径为15mm的圆形。

02 使用研磨片将切出的部件打磨成形。

遮住公扣的底座

03 使用研磨片打磨肉面层边缘5mm宽的部分,使皮的厚度变薄。

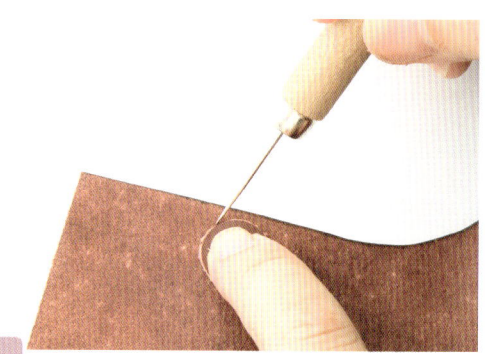

04 将圆形皮片放置到公扣底座下需要遮住的地方,用圆锥沿圆形画线。

05 用美工刀将04中画出的圆形线里面的肉面刮粗。

06 在刮粗的部位以及底座背面涂上强力胶。

07 在遮住底座的圆形皮的肉面上也涂上强力胶。

08 按照画线的位置对齐、贴好,用力按压以贴牢。

ITEM 03 智能手机套

主体的缝制

将主体折叠起来,与侧边和底边缝制在一起。这些部分缝制好之后,智能手机套的形状就完成了。

01 将主体的前腰部分折过来,跟后腰的边缘对齐,并做出记号。

02 根据 01 做的记号,用美工刀将前腰与后腰重叠部分的肉面侧刮出约3mm宽的粗糙面。

03 在 02 刮粗的部分上涂上白胶。

04 将前腰折过来,对齐边缘位置,进行黏合。

05 待白胶干了之后,使用研磨片将黏合好的边缘打磨成形。

06 在前腰的侧边和底边画3mm宽的缝合线。

57

主体的缝制

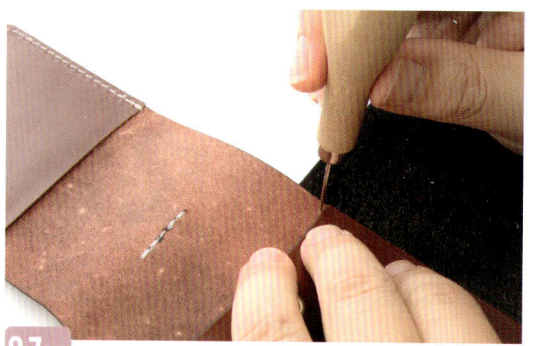

07 根据缝合线的位置,用圆锥在前腰上边的高低落差位置处扎出基准缝合孔。

08 在底边对折的靠边处也扎上基准缝合孔。

09 在两基准缝合孔之间用菱斩压出虚孔。转角部分使用2齿菱斩。

10 根据虚孔打出缝合孔。

11 腰身从侧边到底边都打上缝合孔的状态。

Point

12 将手缝线从 08 中底边一侧的基准缝合孔中穿过。

ITEM 03 智能手机套

13 此处无须回缝，按正常方向缝制即可。

14 就这样平缝下去。

POINT

15 一直缝制到前腰上边的基准缝合孔为止。

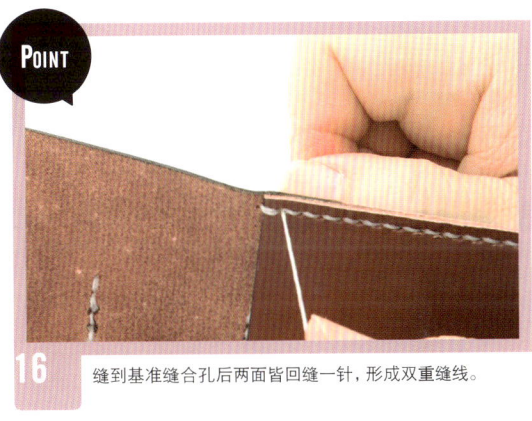

16 缝到基准缝合孔后两面皆回缝一针，形成双重缝线。

17 仅仅表面侧再多回缝一针。两根手缝线都从主体的里侧拉出。

18 缝制结束后保留2~3mm的线头，用打火机做烧结处理。

19 主体腰身部分缝制完成，套的形状基本形成。

20 用木锤侧面敲击，使得针脚平整。

边缘加工

最后对腰身部分的边缘进行加工就完成了。同样的操作需要反复多次，才能够使边缘更漂亮。

01 使用研磨片垂直打磨缝制好的边缘部分，将边缘的高度打磨平整。

02 对缝制好的边缘部分进行削边处理。

03 使用研磨片将边缘打磨成平滑的半圆形。

04 在打磨成形后的边缘上涂上染料。

ITEM 03 智能手机套

05 在染色后的边缘涂上床面处理剂。

06 在床面处理剂干之前使用打磨用的帆布进行打磨。

07 从正反两面对边缘进行打磨。反复进行 03 到 07 的操作,可以使边缘更漂亮。

完成

边缘加工好之后就完成了。

ITEM 04

KEY CASE
钥匙包

这是一款使用非常方便的钥匙包。安装了龙虾扣,提高了实用性。使用自己喜欢的皮革和颜色,就可以制作出自己特有的钥匙包。

照片:小峰秀世

PARTS
材料

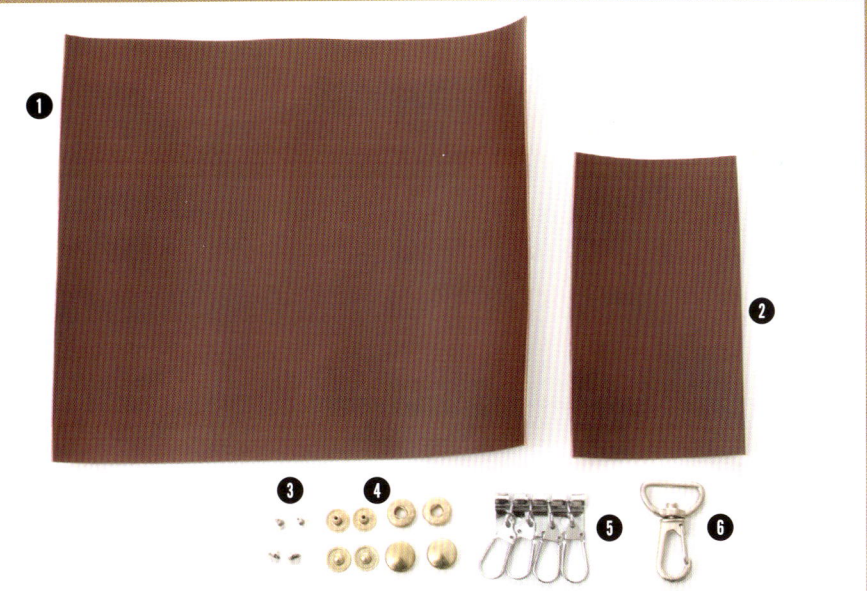

❶ 主体、口袋用皮：植鞣革，1mm厚
❷ 中间用皮：植鞣革，1.5mm厚
❸ 固定扣（小）：2套
❹ 四合扣（大）：2套
❺ 钥匙排（4环）：1套
❻ 龙虾扣：1套

TOOLS
工具

- 美工刀
- 切割垫板
- 橡胶板
- 圆锥
- 四合扣打具（大）
- 菱斩
- 木锤
- 手缝针
- 手缝线（细）
- 床面处理剂
- 三用磨边器
- 打火机
- 白胶
- 上胶片
- 直尺
- 研磨片
- 削边器
- 棉签
- 打磨用的帆布
- 圆斩（10号、18号）
- 万用环状台
- 固定扣打具（小）

部件的准备

将各部件从大块皮中裁切出来，使用床面处理剂打磨肉面。仅中间部件的用皮为1.5mm厚，其他部件的用皮均为1mm厚。

各部件的裁切

01 将纸型贴到硬纸板上并裁切出来，然后贴合到皮面上，并用圆锥沿着轮廓画线。

02 根据画出的线裁切部件。

03 转角部分裁切出大体的形状就可以，缝合之后可以使用研磨片打磨修整。

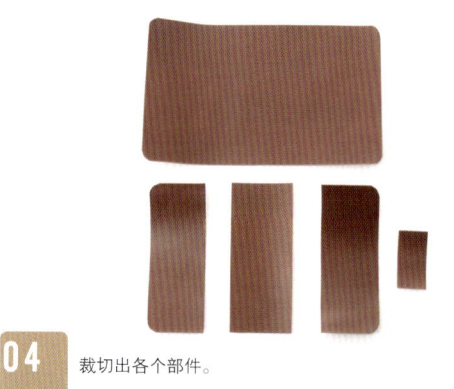

04 裁切出各个部件。

肉面的处理

05 将床面处理剂均匀地涂抹在裁切出来的部件的肉面上。上图中为连接龙虾扣的皮条。

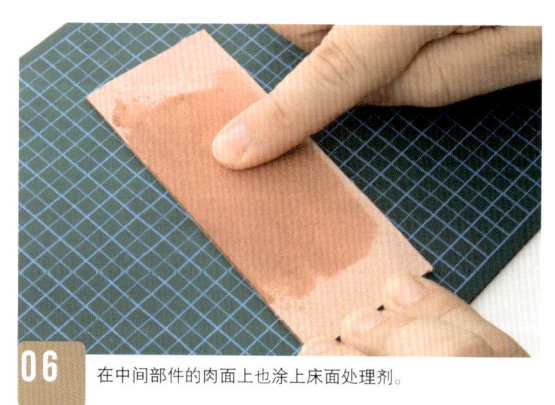

06 在中间部件的肉面上也涂上床面处理剂。

ITEM 04 钥匙包

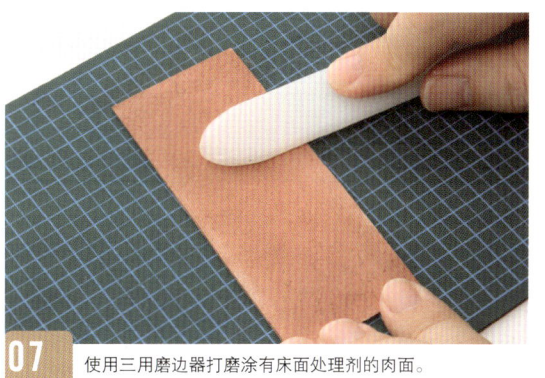

07 使用三用磨边器打磨涂有床面处理剂的肉面。

08 在主体的肉面上也涂上床面处理剂并打磨。

龙虾扣部件的制作

龙虾扣跟皮条组合成一个部件。此处使用的是龙虾扣,但也可替换为双环扣、D形环等五金。

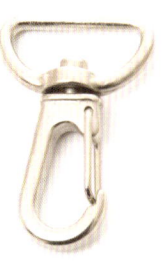  

01 准备龙虾扣和连接皮条。如果变更安装的五金,则根据五金安装部分的宽度调整皮条的宽度。

02 使用研磨片打磨皮条的长边。

03 打磨成形后在边缘上涂上染料。根据个人喜好,也可以不染色。

04 涂上床面处理剂。注意不要涂抹到皮面上。

65

龙虾扣部件的制作

05 使用打磨用的帆布打磨涂有床面处理剂的边缘。

06 将短边的两端10mm宽度的肉面打磨粗糙。

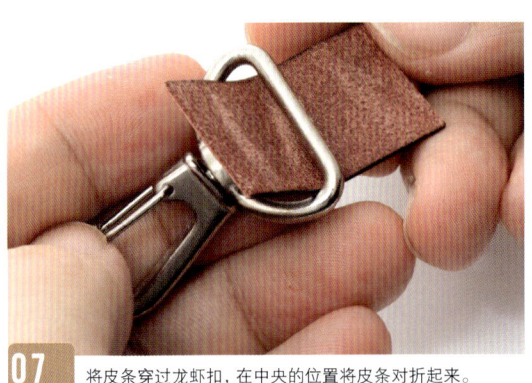

07 将皮条穿过龙虾扣，在中央的位置将皮条对折起来。

08 在 06 打磨粗糙的部分上涂上白胶。

09 将皮条两短边对齐后贴合。

10 皮条和龙虾扣组合好的状态。

ITEM 04 钥匙包

在中间部件上安装钥匙排

这里使用的钥匙排是4环的样式,使用固定扣打具安装。

01 将中间部件和钥匙排组合在一起。

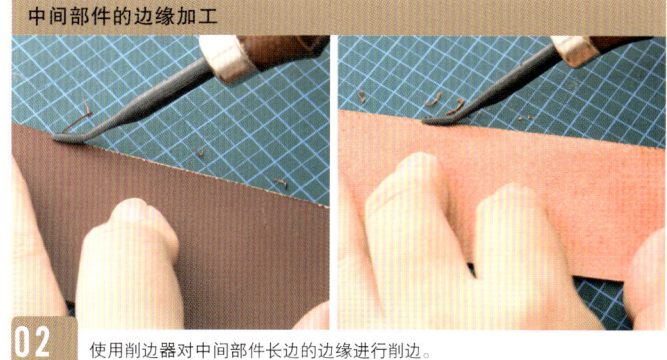

02 使用削边器对中间部件长边的边缘进行削边。

03 使用研磨片将削边处理后的边缘打磨成形。

04 对打磨成形的边缘进行染色。用棉签滚动着染色,这样能够染得比较顺利。

05 在染色后的边缘上涂上床面处理剂。

06 使用打磨用的帆布打磨涂有床面处理剂的边缘。

在中间部件上安装钥匙排

钥匙排的安装

07 根据纸型上钥匙排的安装位置，使用圆锥做记号。

08 对准 07 中做出的记号中心，使用8号圆斩压出虚孔。

09 确认虚孔的位置，使用圆斩打出安装孔。

10 将固定扣的底扣从肉面侧安装到中间部件上。

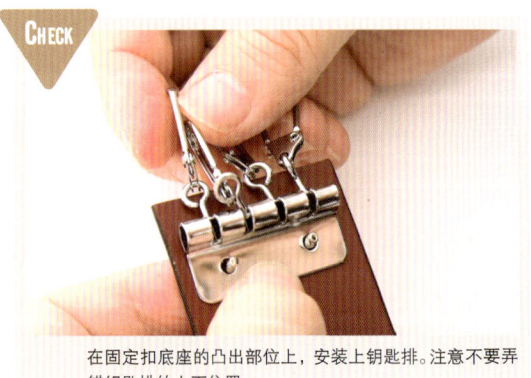

CHECK 在固定扣底座的凸出部位上，安装上钥匙排。注意不要弄错钥匙排的上下位置。

11 安装了钥匙排后，盖上固定扣的面盖。

ITEM 04 钥匙包

POINT

12 调整固定扣面盖的位置，对准钥匙排的孔。

13 将固定扣的底座放置在万用环状台的平面上，使用固定扣打具固定。

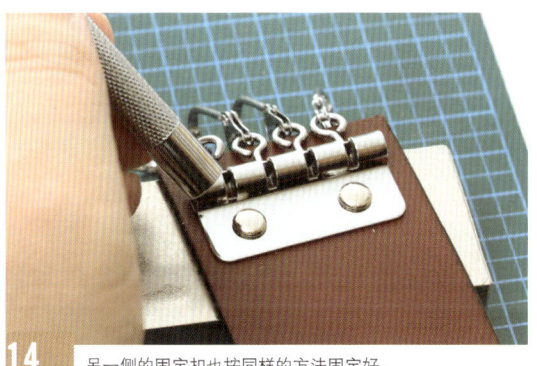

14 另一侧的固定扣也按同样的方法固定好。

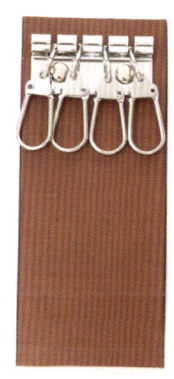

15 中间部件成功安装钥匙排的样子。

四合扣公扣的安装

在主体的皮面上安装四合扣的公扣。注意不要装错面。

01 准备主体部件和四合扣公扣。

02 根据纸型上公扣的安装位置，使用圆锥在主体的皮面上做记号。

四合扣公扣的安装

03 对准 02 中做出的记号中心,使用10号圆斩压出安装的虚孔。

04 需要安装公扣的地方有两处,使用10号圆斩打出安装孔。

05 将公扣底座从肉面侧穿入,肉面朝下。将公扣底座放置到打台的平面上,盖上公扣。

06 使用公扣用的四合扣打具固定。

07 两个公扣皆安装到主体上的状态。

ITEM 04 钥匙包

袋子的准备

安装到主体两侧的袋子,不与主体缝合的一边需要事先进行磨边处理。

将袋子安装到主体的左右两侧。照片上红色部分的边缘需要事先进行磨边处理。

 01

02 使用研磨片对边缘进行处理,打磨成形。

03 在打磨成形的边缘上涂上染料。

04 涂上染料后,涂上床面处理剂。

在床面处理剂干之前,使用打磨用的帆布打磨边缘。

05

71

主体与各部件的缝制

这个钥匙包的全部部件都需要缝合,但只需缝制一圈,全部的部件就缝制在一起了。注意部件重叠部分缝合孔的打孔方法。

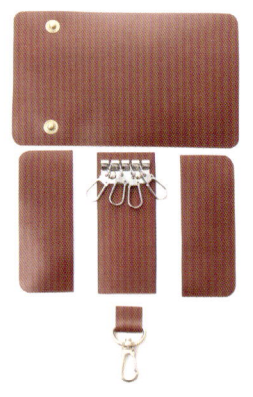

01 准备好已经经过各种处理的各个部件。

各部件的黏合

02 将主体的纸型贴到各部件的肉面上,在各部件的安装位置处做记号。

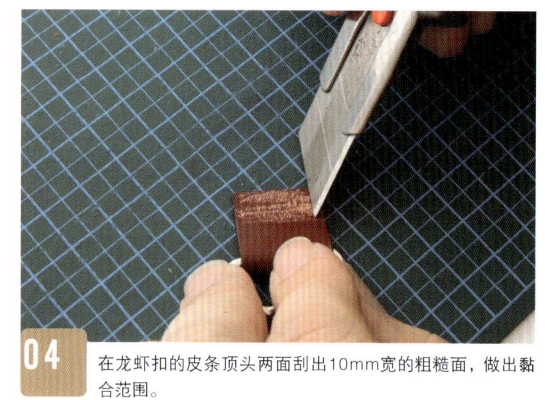

03 将中间部件两端的肉面刮出3mm宽的粗糙面,做出黏合范围。

04 在龙虾扣的皮条顶头两面刮出10mm宽的粗糙面,做出黏合范围。

05 在主体肉面袋子安装位置边缘刮出3mm宽的粗糙面。

06 在袋子(与主体贴合的三边)的肉面上同样刮出3mm宽的粗糙面。

ITEM 04 钥匙包

07 在主体中间部件的安装位置处刮出3mm宽的粗糙面，并涂上白胶。

08 在龙虾扣皮条其中一面的黏合范围内涂上白胶。

09 根据纸型的安装位置将皮条黏合到主体上。

10 在中间部件的黏合范围内涂上白胶。

11 在龙虾扣皮条的另一面的黏合范围内也涂上白胶。

12 根据主体上的中间部件安装印记，将中间部件与主体黏合。

73

主体与各部件的缝制

13 龙虾扣皮条插入的那侧的边容易翘起来，要压紧以黏合。

14 在 05 中刮粗的袋的黏合范围内涂上白胶。

15 在袋子上的黏合范围内也涂上白胶。

16 将主体和袋子的边缘紧紧地黏合在一起。

17 另外一侧也同样对齐黏合。

18 所有部件黏合在一起的状态。

缝制

19 各部件黏合好后,使用研磨片将边缘打磨平整。

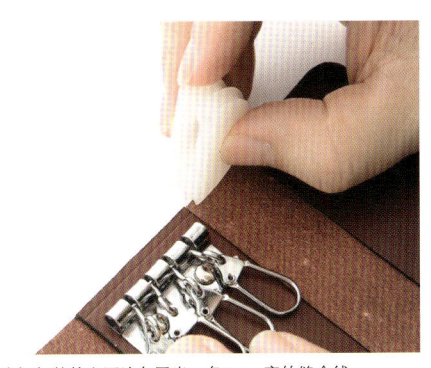

20 在中间部件的上下边各画出一条3mm宽的缝合线。

21 在左右两侧的袋子上同样画出3mm宽的缝合线。

22 用圆锥在主体部件与袋子、中间部件的高低落差的位置处扎出基准缝合孔。

23 在龙虾扣皮条与中间部件的高低落差位置处也做上基准缝合孔。

24 从主体的表面将基准缝合孔戳大。

主体与各部件的缝制

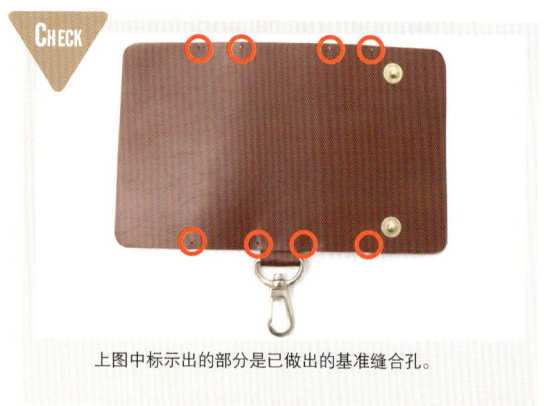

CHECK 上图中标示出的部分是已做出的基准缝合孔。

25 在主体皮面的四周画上3mm宽的缝合线。

26 根据基准缝合孔，使用菱斩压出缝合孔位置的虚孔。

27 根据基准缝合孔的间隔，尽量做出看上去均等的虚孔。

28 根据虚孔打出缝合孔。

29 转角的部分使用2齿菱斩。

76

ITEM 04 钥匙包

30 主体周围的缝合孔全部打好的状态。

31 准备缝制主体四周4倍长度的手缝线,将两端穿上手缝针。

32 缝制开始的位置是任意的,但是起止处的手缝线有重叠,建议在不显眼的安装公扣那一侧的短边开始缝制。

33 按顺序进行缝制。不要弄错手缝线的重叠方式。

POINT

34 中间部件和袋子的高低落差部分要进行双重缝制。另外,为了使龙虾扣的皮条部分拥有一定的强度,其全部的缝合孔都进行双重缝制。

主体与各部件的缝制

35 沿着主体的周围缝制一圈，返回到开始缝制的孔。

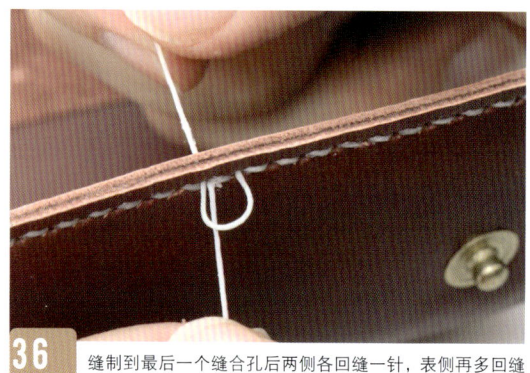

36 缝制到最后一个缝合孔后两侧各回缝一针，表侧再多回缝一针，拉出到里侧。

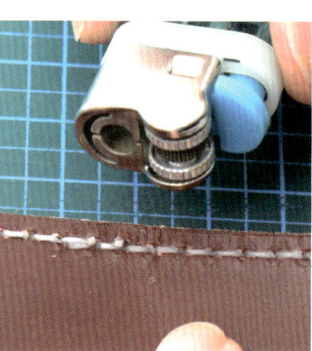

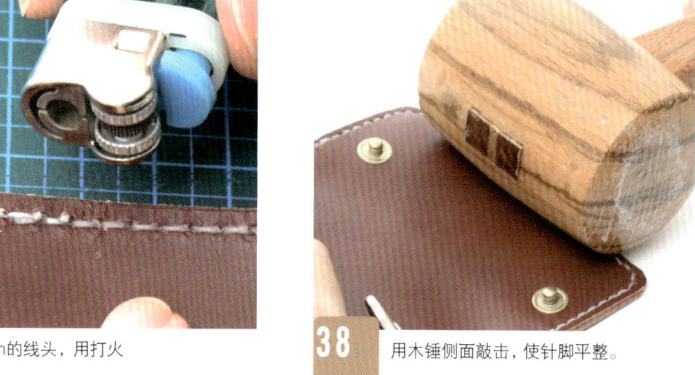

37 将从里侧拉出的手缝线剪掉，保留2~3mm的线头，用打火机做烧结处理。

38 用木锤侧面敲击，使针脚平整。

39 高低落差等部分使用三用磨边器摩擦，使针脚平整。

40 通过一圈缝制，全部的部件都缝制在一起，钥匙包就完成了。

ITEM 04 钥匙包

边缘加工

对缝制好的部件进行边缘加工。根据个人喜好染色,但是建议使用比主体稍深的颜色。

01 使用研磨片打磨边缘,将高度和转角部分打磨成形。

02 对打磨成形的边缘进行削边处理。

03 里侧的边缘也要进行削边。不缝合的皮不用强制进行削边。

04 使用研磨片将削边处理后的边缘打磨成平滑的半圆形。

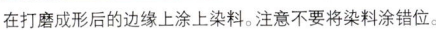

05 在打磨成形后的边缘上涂上染料。注意不要将染料涂错位。

06 在涂有染料的边缘上,涂上床面处理剂。

边缘加工

07 使用打磨用的帆布打磨涂有床面处理剂的边缘。

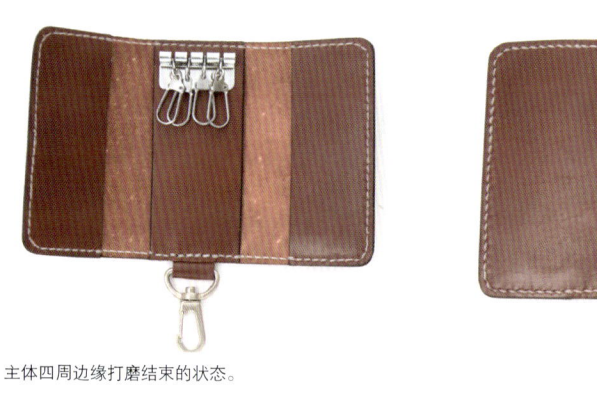

08 主体四周边缘打磨结束的状态。

四合扣的安装

安装四合扣。纸型上有四合扣的标准安装位置,可根据个人喜好进行微调。

01 使用18号圆斩根据纸型上的安装位置压出虚孔。

02 根据虚孔的位置,使用圆斩打出安装孔。

ITEM 04 钥匙包

03 将面盖放在万用环状台上适合的凹槽中。将母扣从主体的里侧穿过安装孔，对准面盖，进行安装。

04 使用母扣用四合扣打具敲击固定。另一母扣以同样方法安装。

完成

两个四合扣安装完成后，开合一下试试。没有问题，整个作品就完成了。

81

ITEM 05 — CLUTCH BAG
手拿包

iPad mini等A5大小的平板电脑刚好能放入的手拿包。一种叫作"分割塑形边"的构造是本作品的特征。也可以试着调整塑形边的宽度和包的大小。

照片：小峰秀世

手拿包

PARTS
材料

❶ 主体用皮：植鞣革，1.5mm厚
❷ 盖子内衬用皮：植鞣革，1mm厚
❸ 鹿皮绳：1根，3mm宽
❹ 固定扣（小）：1套

TOOLS
工具

- 美工刀
- 切割垫板
- 橡胶板
- 圆锥
- 三用磨边器
- 菱斩
- 木锤
- 手缝针
- 手缝线（细）
- 床面处理剂
- 圆斩（8号）
- 削边器
- 打火机
- 强力胶
- 白胶
- 直尺
- 砂磨片
- 固体胶
- 上胶片
- 棉签
- 打磨用的帆布
- 固定扣打具（小）

各部件的准备

将各部件裁切出来，使用床面处理剂打磨肉面。根据纸型准确地裁切出各部件。

各部件的裁切

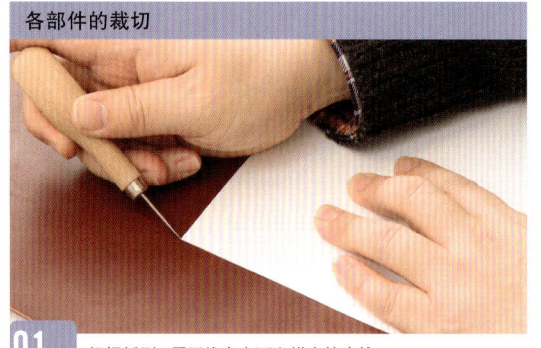

01 根据纸型，用圆锥在皮面上描出轮廓线。

02 直线部分借助直尺，以比轮廓线稍大一圈的方式进行裁切。

03 盖子节扣是圆形的，可以分数次进行直线裁切。

肉面处理

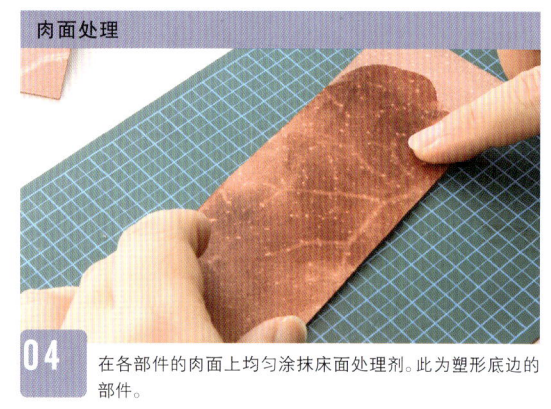

04 在各部件的肉面上均匀涂抹床面处理剂。此为塑形底边的部件。

05 使用三用磨边器打磨涂有床面处理剂的肉面。

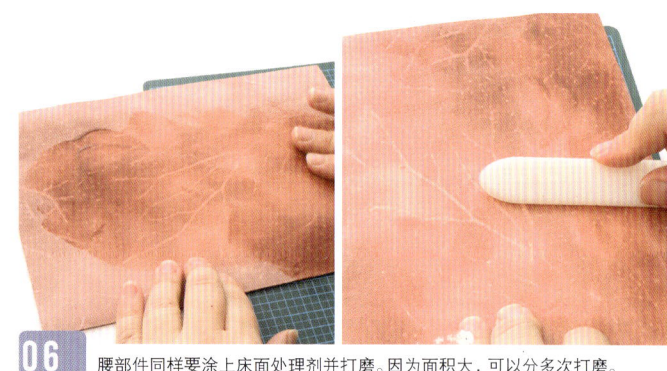

06 腰部件同样要涂上床面处理剂并打磨。因为面积大，可以分多次打磨。

ITEM 05 手拿包

CHECK

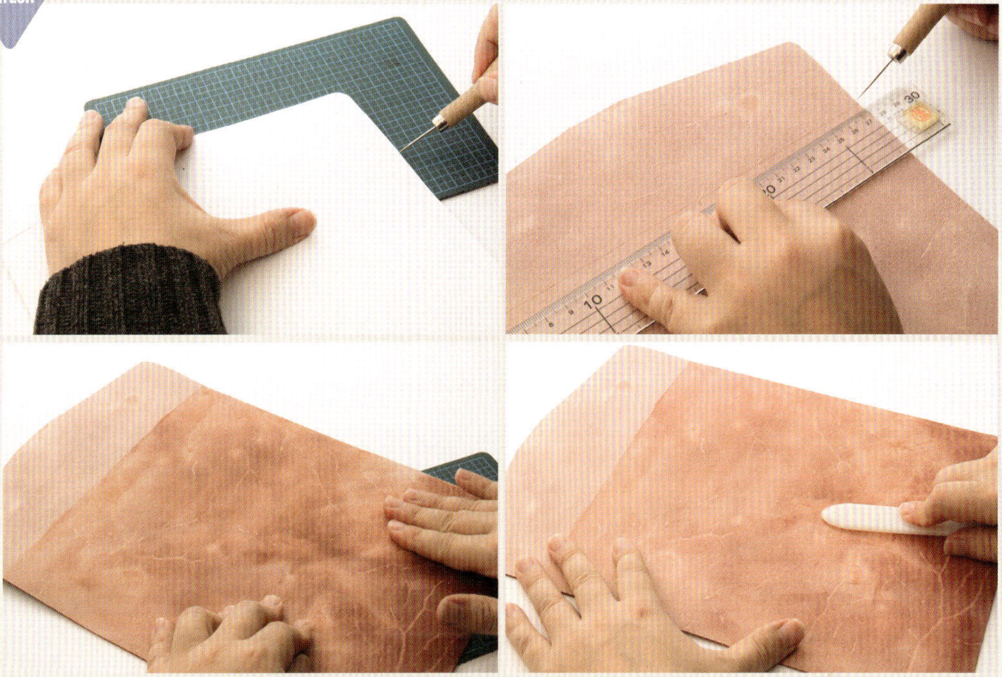

后腰和盖子是一体的部件。盖子的部分要贴内衬，根据纸型在要贴内衬的位置上做记号，贴内衬的部分不要涂抹床面处理剂。

07 盖子节扣的肉面也要涂上床面处理剂并打磨。

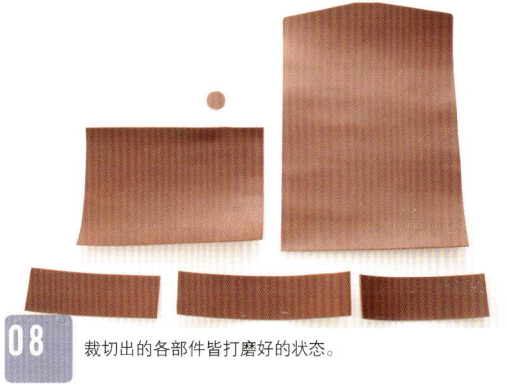

08 裁切出的各部件皆打磨好的状态。

85

塑形边的制作

这个手拿包是由主体和左右侧、底部的分割塑形边组合而成的。分割塑形边是塑形边最基本的一种,要掌握其制作方法。

01 使用分割塑形边。准备一片塑形底边和两片塑形侧边。

02 根据纸型,在两片塑形侧边的一端做出切割上下位置的记号。

03 根据 02 中做出的记号,画上裁切线。

04 根据裁切线进行切割。

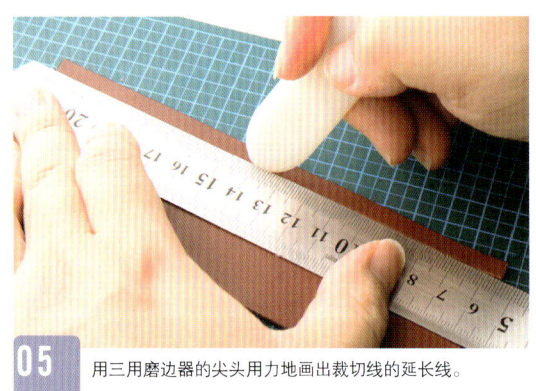

05 用三用磨边器的尖头用力地画出裁切线的延长线。

06 05 中画出的线就是折弯线。

ITEM 05 手拿包

07 根据 05 中画出的线,将塑形侧边的长边往内折弯以塑形。

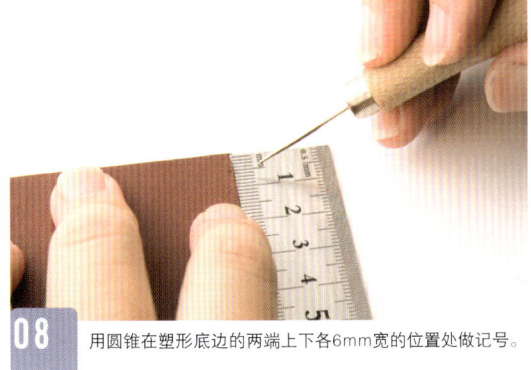

08 用圆锥在塑形底边的两端上下各6mm宽的位置处做记号。

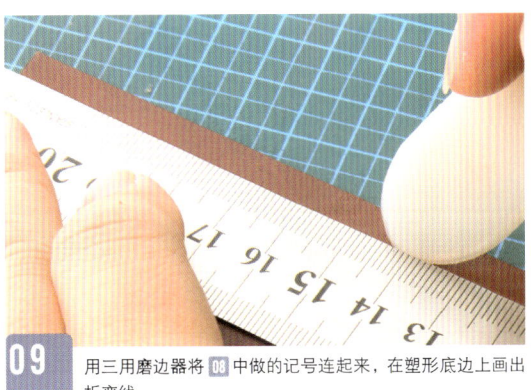

09 用三用磨边器将 08 中做的记号连起来,在塑形底边上画出折弯线。

10 依照折弯线将塑形底边的两侧折弯以塑形。

> **CHECK**

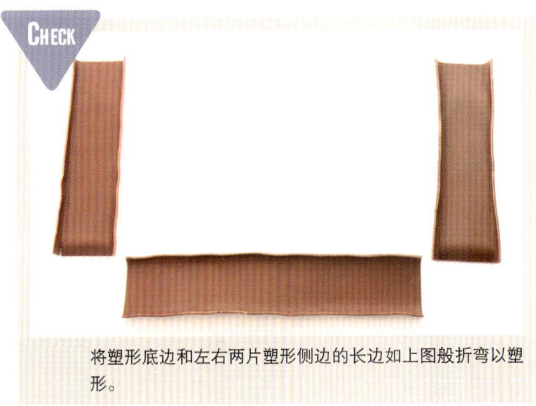

将塑形底边和左右两片塑形侧边的长边如上图般折弯以塑形。

11 使用研磨片打磨塑形侧边的上边没有折弯的边缘。

87

塑形边的制作

12 使用研磨片将塑形底边的短边10mm宽的肉面部分打磨粗糙。

13 使用研磨片将塑形底边折弯部分的肉面打磨粗糙。

14 同样使用研磨片将塑形侧边折弯部分的肉面打磨粗糙。

15 塑形侧边的切割部分如上图般往外折弯，同时使用研磨片将皮面打磨粗糙。

16 使用研磨片打磨塑形底边的短边边缘。

17 在打磨成形的塑形底边的短边边缘上涂上染料。

ITEM 05 手拿包

18 在涂有染料的短边边缘上涂上床面处理剂。

19 使用打磨用的帆布打磨涂有床面处理剂的边缘。用同样的方法处理塑形侧边的上边边缘。

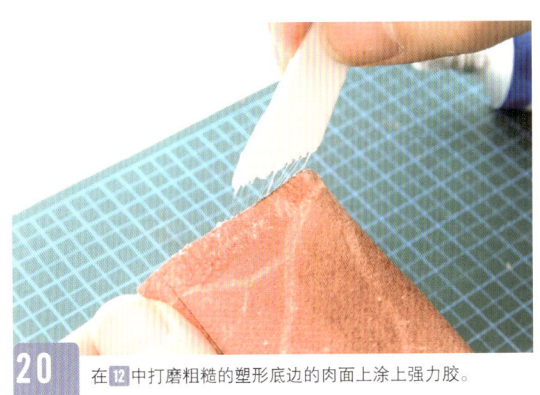

20 在 **12** 中打磨粗糙的塑形底边的肉面上涂上强力胶。

21 在 **15** 中打磨粗糙的塑形侧边的皮面上也涂上强力胶。

22 将 **20** 和 **21** 涂有强力胶的部分如上图所示那样黏合起来。

23 将塑形底边的两侧与塑形侧边黏合，塑形边的基本形状就做出来了。

89

塑形边的制作

24 在贴合好的塑形底边的短边上画出3mm宽的缝合线。

25 根据24中画好的缝合线，用菱斩压出虚孔。

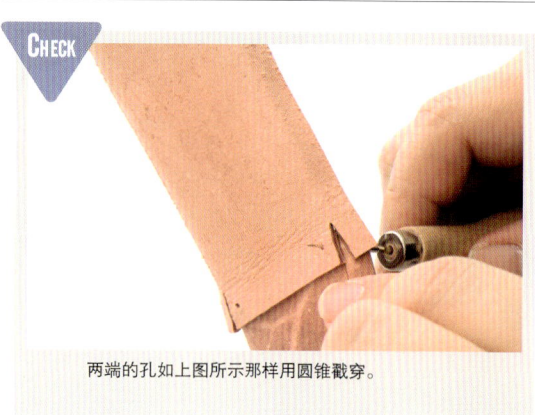

26 两端不使用菱斩，而使用圆锥戳出圆孔。

CHECK 两端的孔如上图所示那样用圆锥戳穿。

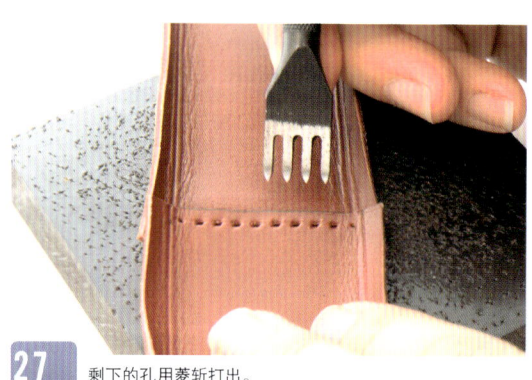

27 剩下的孔用菱斩打出。

28 从一端顶头的缝合孔开始缝制。

ITEM 05 手拿包

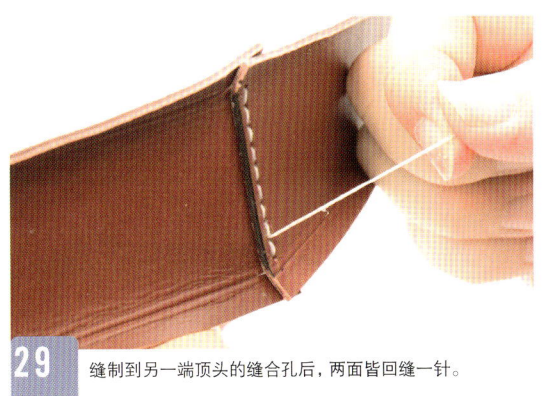

29 缝制到另一端顶头的缝合孔后,两面皆回缝一针。

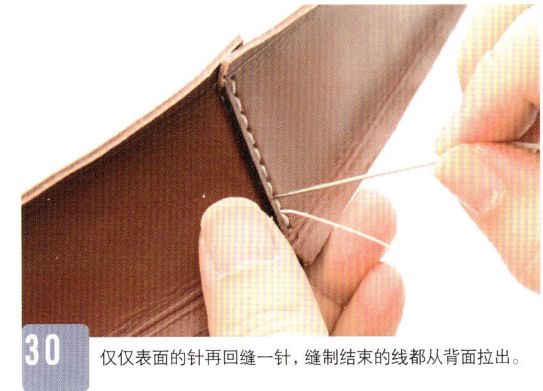

30 仅仅表面的针再回缝一针,缝制结束的线都从背面拉出。

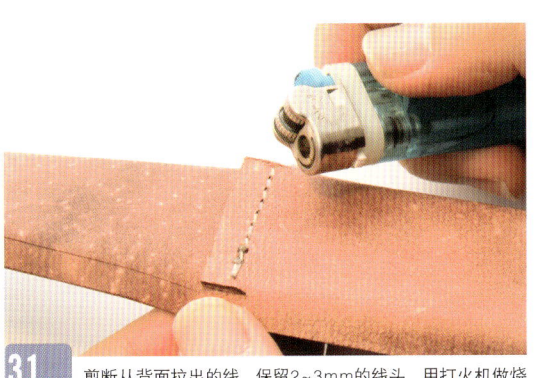

31 剪断从背面拉出的线,保留2~3mm的线头,用打火机做烧结处理。

32 两侧缝合好后,塑形边就完成了。

塑形边与前腰的缝制

将塑形侧边与底边缝合,主体和前腰缝合。在与塑形边缝合之前,前腰的上边边缘要做处理。

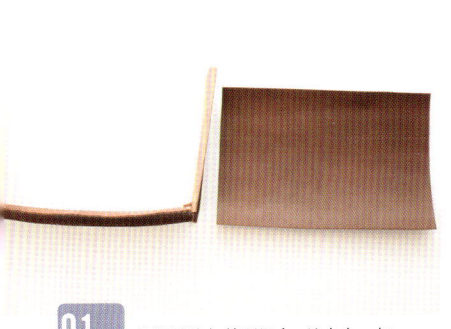

01 将塑形边与前腰组合,缝合在一起。

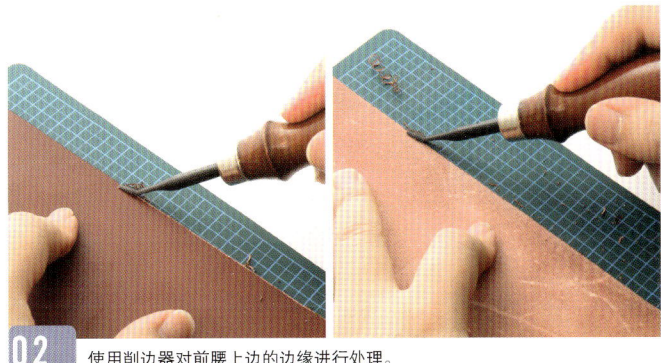

02 使用削边器对前腰上边的边缘进行处理。

91

塑形边与前腰的缝制

03 使用研磨片将削边处理后的边缘打磨成半圆形。

04 边缘打磨成形后,涂上染料。

05 边缘涂上染料之后就涂上床面处理剂。

06 使用打磨用的帆布打磨涂有床面处理剂的边缘。

07 打磨到一定程度,放置在桌子上仔细地打磨两面的边缘。

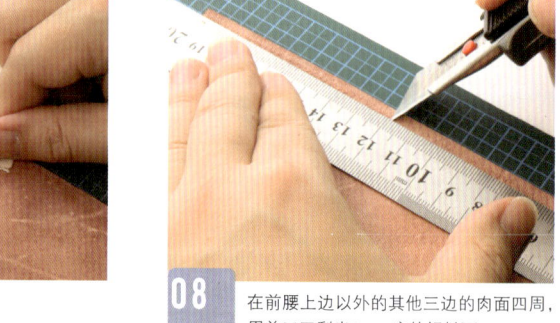

08 在前腰上边以外的其他三边的肉面四周,用美工刀刮出3mm宽的粗糙面。

ITEM 05 手拿包

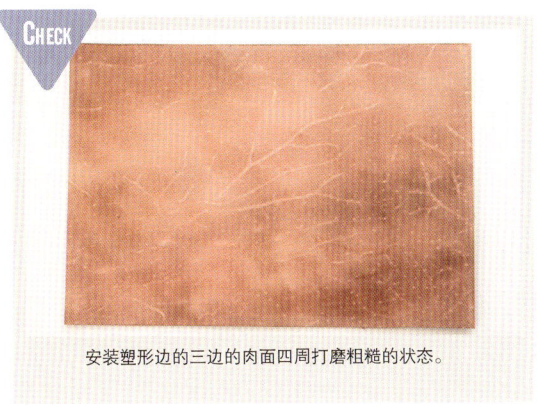
安装塑形边的三边的肉面四周打磨粗糙的状态。

09 在 08 刮粗的部分上涂上强力胶。

10 在塑形边折弯的部分上也涂上强力胶。

11 强力胶贴合之后很难调整,所以塑形边和前腰贴合时要仔细对齐边缘位置。

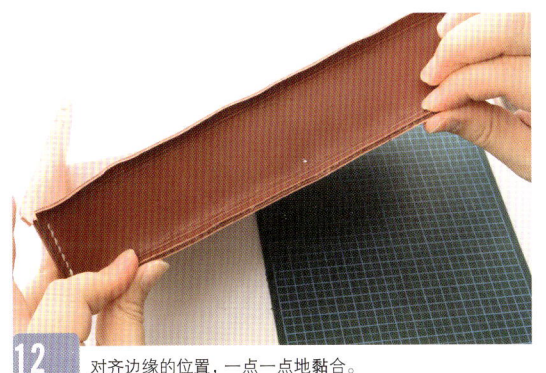
12 对齐边缘的位置,一点一点地黏合。

13 黏合时,确认位置没有错位后,用力压紧。

塑形边与前腰的缝制

14 使用研磨片将黏合好部分的边缘打磨平整。

15 边缘打磨平整后,在与塑形三边黏合好的前腰上画出3mm宽的缝合线。

16 转角的部分使用圆锥戳出孔。

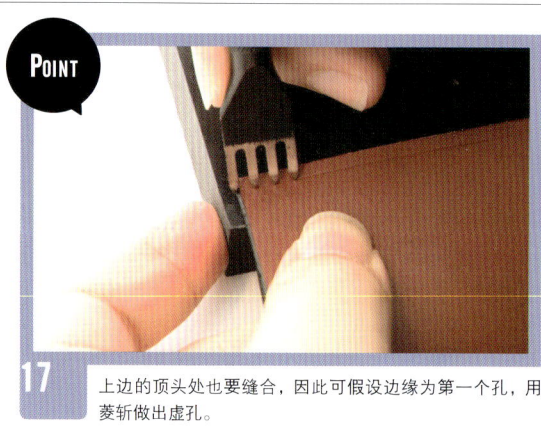

POINT

17 上边的顶头处也要缝合,因此可假设边缘为第一个孔,用菱斩做出虚孔。

18 根据 15 的缝合线,用菱斩做出虚孔。

19 放置在橡胶板的边缘,在不移动塑形边的状态下打孔。

ITEM 05 手拿包

20 因为塑形边上打缝合孔的部分比较窄，打孔时注意缝合孔不要错位。

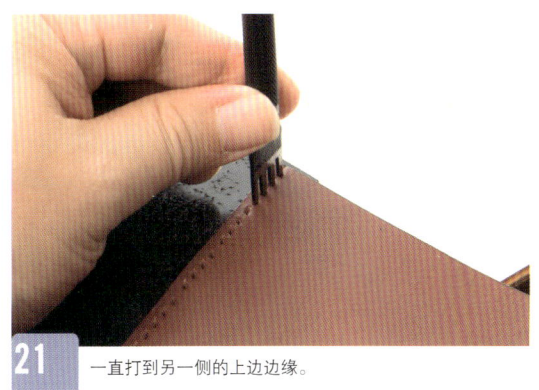

21 一直打到另一侧的上边边缘。

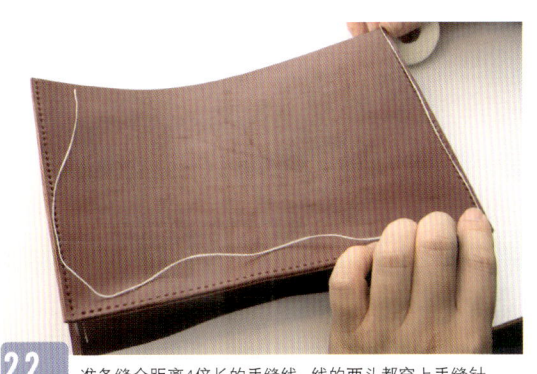

22 准备缝合距离4倍长的手缝线，线的两头都穿上手缝针。

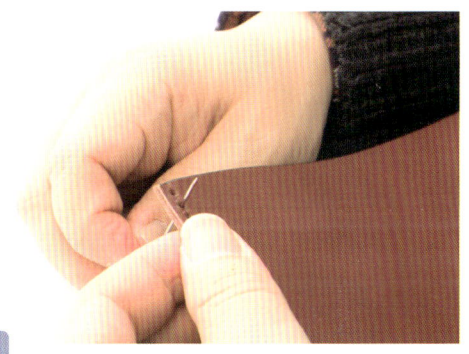

23 从边缘第二个孔开始缝制。开始和结束的边缘均进行双重缝制。

POINT

24 朝着边缘的方向回缝，将边缘双重缝制后，朝本来的方向缝制。

25 缝制塑形边和前腰时，注意不要弄错线的交叉方向。

塑形边与前腰的缝制

26 一直缝制到另一侧的顶头为止。

27 对边缘部分进行双重缝制并回缝一个孔。

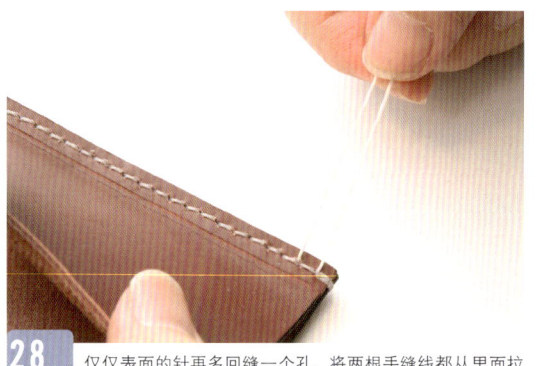
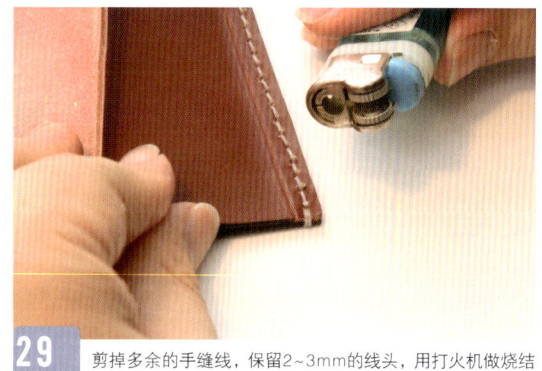

28 仅仅表面的针再多回缝一个孔,将两根手缝线都从里面拉出来。

29 剪掉多余的手缝线,保留2~3mm的线头,用打火机做烧结处理。

塑形边与前腰缝合好的样子。

30

盖子与内衬的缝制

将盖子部分贴上内衬后进行缝制。内衬的部件以粗略裁切的状态黏合,然后按照盖子的形状进行裁切。

01 准备跟后腰连成一体的盖子和粗略裁切的部件。

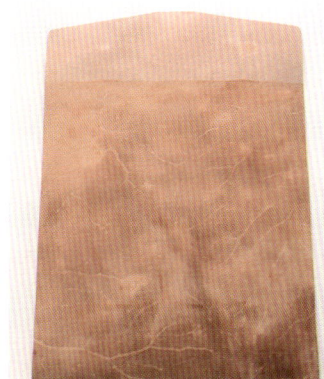

02 内衬的黏合部分是没有用床面处理剂打磨过的部分。

03 因为没有打磨过,所以直接在肉面上均匀涂上白胶。

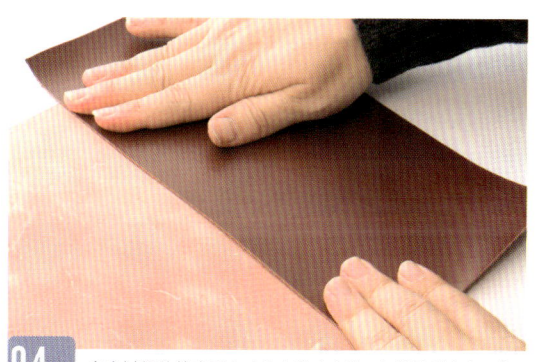

04 在内衬部件的肉面上也均匀涂上白胶,与盖子黏合在一起。

05 等白胶干了之后,根据盖子的形状将内衬裁切出来。

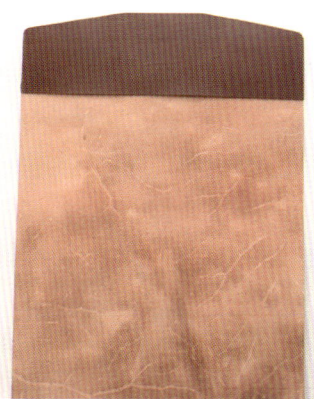

06 从内侧看到的内衬裁切好的样子。

盖子与内衬的缝制

07 使用研磨片将内衬黏合部分的边缘打磨成形。

08 在内衬的边缘画上3mm宽的缝合线。

09 根据缝合线的位置,用圆锥在高低落差部分扎出基准缝合孔。

10 用圆锥从皮面侧穿过基准缝合孔,将孔戳大。

11 两端扎出基准缝合孔后,沿着盖子的边缘在两个基准缝合孔之间画出3mm宽的缝合线。

12 像这样在盖子的顶头部分画上缝合线。

ITEM 05 手拿包

13 根据画出的缝合线,用菱斩压出虚孔。

14 依照虚孔,用菱斩打出缝合孔。

15 盖子部分已经打好缝合孔的状态。

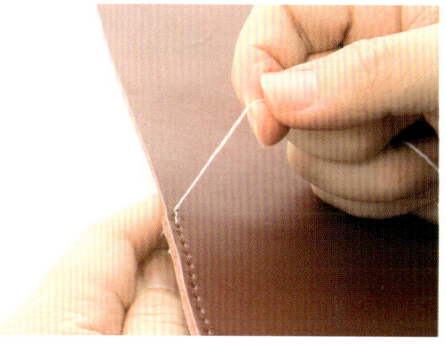

16 将手缝针从端口往里的第三个孔穿过,回缝到基准缝合孔。

17 将基准缝合孔进行双重缝制后,朝本来的方向继续缝制。

18 根据手缝线的重叠方向,用相同的力度拉紧,可以使得针脚平整。

盖子与内衬的缝制

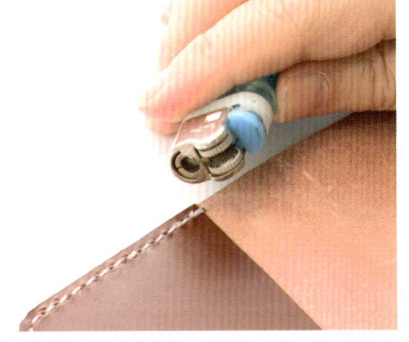

19 对结束处的基准缝合孔也进行双重缝制。回缝，将两条手缝线皆从里面拉出后剪掉，并做烧结处理。

20 缝制结束。用木锤的侧面敲击，使得针脚平整。

21 盖子的内衬缝制好的样子。

后腰与塑形边的缝制

将与塑形边缝制成一体的前腰和与盖子缝制成一体的后腰缝制在一起。这个作业完成后手拿包的形状基本就完成了。

01 图中为与盖子缝制成一体的后腰，与塑形边缝制成一体的前腰。

02 对齐后腰与塑形边的安装位置，用圆锥在后腰的肉面上做上记号。

ITEM 05 手拿包

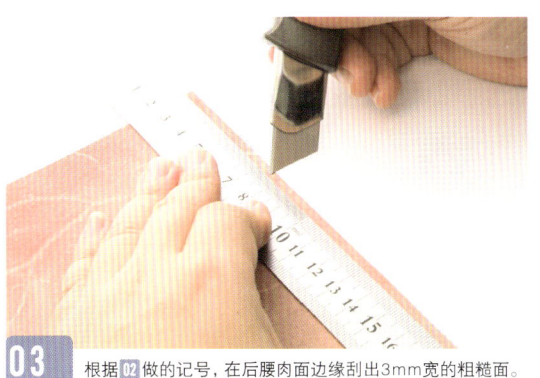
03 根据 02 做的记号,在后腰肉面边缘刮出3mm宽的粗糙面。

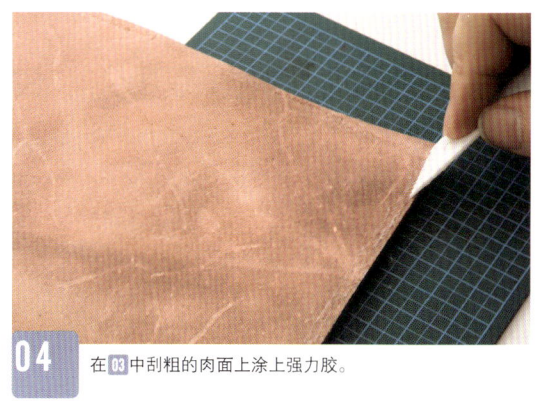
04 在 03 中刮粗的肉面上涂上强力胶。

05 在塑形边外折的部分上也涂上强力胶。

06 对齐边缘的位置,调整黏合的位置。

07 准确地对齐好位置,用力黏合起来。

08 塑形边和后腰黏合好后,手拿包的形状就出来了。

101

后腰与塑形边的缝制

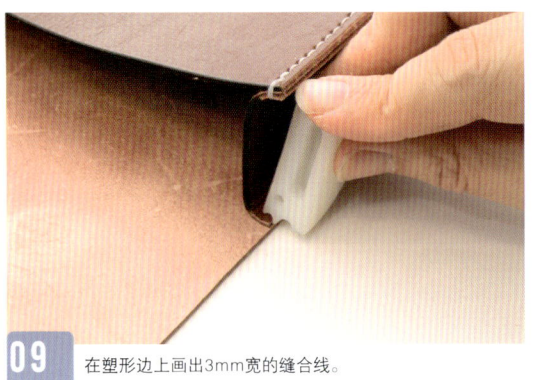

09 在塑形边上画出3mm宽的缝合线。

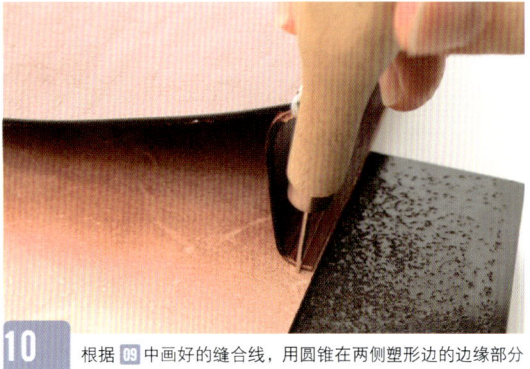

10 根据 09 中画好的缝合线,用圆锥在两侧塑形边的边缘部分扎出基准缝合孔。

11 反过来从后腰皮面上将基准缝合孔戳大。

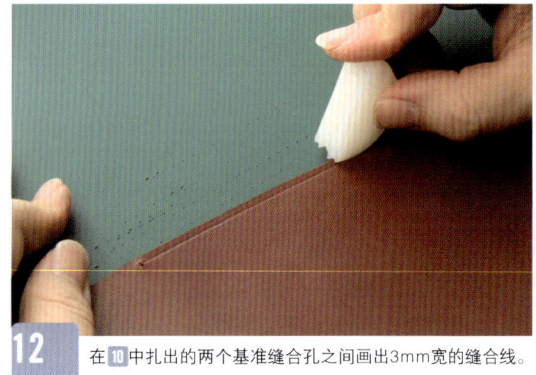

12 在 10 中扎出的两个基准缝合孔之间画出3mm宽的缝合线。

POINT

13 转角的部分同样使用圆锥扎出基准缝合孔。

14 根据缝合线用菱斩压出缝制用的虚孔。

ITEM 05 手拿包

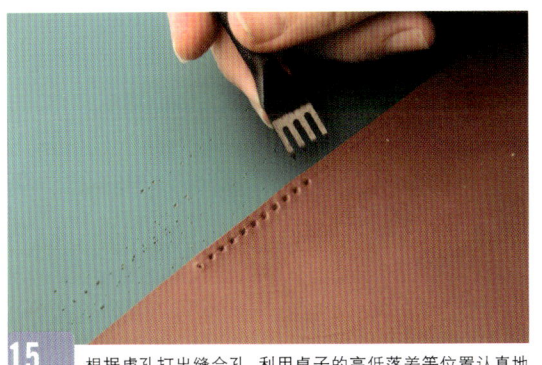

15 根据虚孔打出缝合孔。利用桌子的高低落差等位置认真地打出缝合孔。

16 后腰上打出缝合孔的状态。

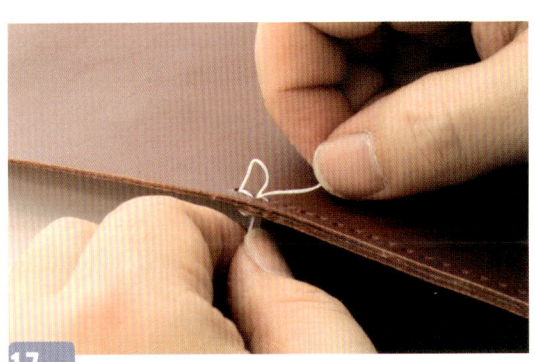

17 从第二个孔开始缝制,对基准缝合孔处进行双重缝制。

18 缝制时注意手缝线的交差方向。

19 缝制结束部分跟前腰一样,回缝后将两条缝线拉到塑形边那一面,剪掉并做烧结处理。

20 后腰和塑形边缝制好,包的基本形状就完成了。

后腰与塑形边的缝制

21 塑形边上的针脚不便用木锤敲击平整,因此用三用磨边器摩擦,使针脚平整。

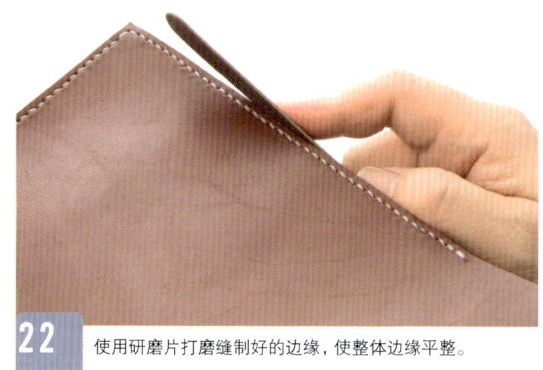

22 使用研磨片打磨缝制好的边缘,使整体边缘平整。

23 对边缘进行削边处理。

24 塑形边内侧的边缘也要仔细地进行削边处理。

25 对盖子部分进行削边处理,对没有贴内衬的部分轻轻地进行削边处理。

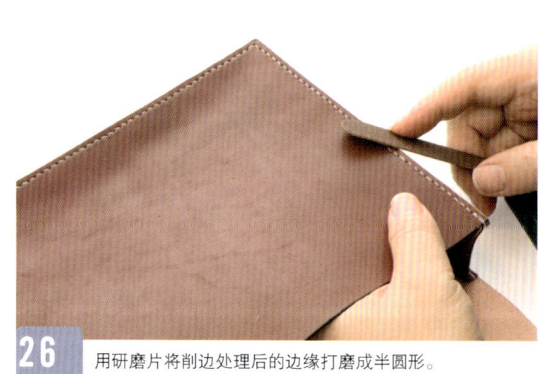

26 用研磨片将削边处理后的边缘打磨成半圆形。

ITEM 05 手拿包

POINT

27 使用研磨片将转角部分打磨圆滑。

28 在打磨成形的边缘上涂上染料。

29 将盖子部分使用研磨片打磨成形后,同样涂上染料。

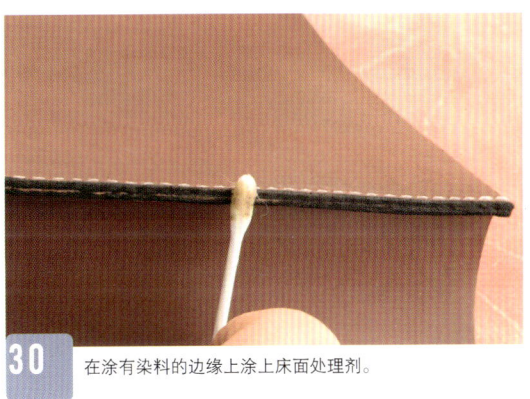

30 在涂有染料的边缘上涂上床面处理剂。

31 使用打磨用的帆布打磨涂了床面处理剂的边缘。

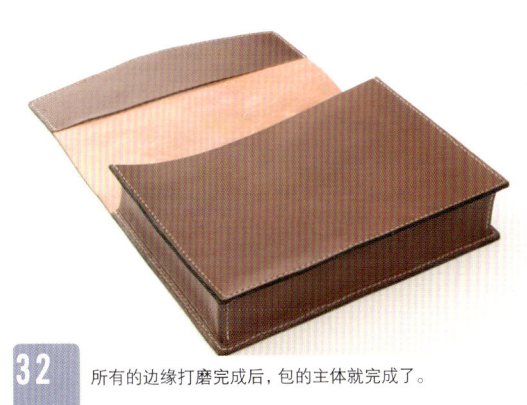

32 所有的边缘打磨完成后,包的主体就完成了。

盖子上节扣的安装　　这个手拿包使用按钮形状的节扣和鹿皮绳进行固定。首先安装按钮形状的节扣。

`01` 准备圆形节扣部件和固定扣。

`02` 使用研磨片打磨节扣部件，尽量打磨成正圆形。

`03` 边缘打磨成形后，在节扣的四周涂上染料。

`04` 在涂过染料的边缘上涂上床面处理剂。

`05` 在节扣近似中心的部位，用8号圆斩压出安装虚孔。

`06` 依照虚孔，用圆斩打出安装孔。

ITEM 05 手拿包

07 根据盖子的纸型，做出节扣安装位置的记号。

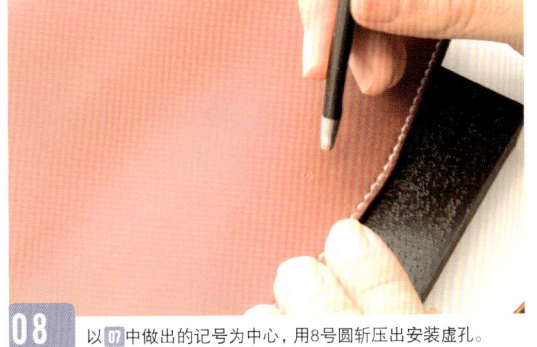

08 以07中做出的记号为中心，用8号圆斩压出安装虚孔。

09 依照08中做出的虚孔，用圆斩打出安装孔。

10 将固定扣的底座从盖子内侧穿入安装孔中。

11 从盖子的表面露出的底座顶端安装上节扣。

12 在节扣部件的上面盖上固定扣的面盖。

盖子上节扣的安装

13 放置到万用环状台上,用固定扣打具将四合扣固定。

14 节扣安装好的状态。转动一下试试,转不动的话就说明固定好了。

固定绳的安装

为了固定盖子要安装固定用的绳子。长度根据个人喜好,可以先准备长一点的鹿皮绳,安装好之后再将多余的剪掉。

01 准备好手拿包主体和鹿皮绳。

02 将盖子盖上,将鹿皮绳放上去,定下大概的安装位置。

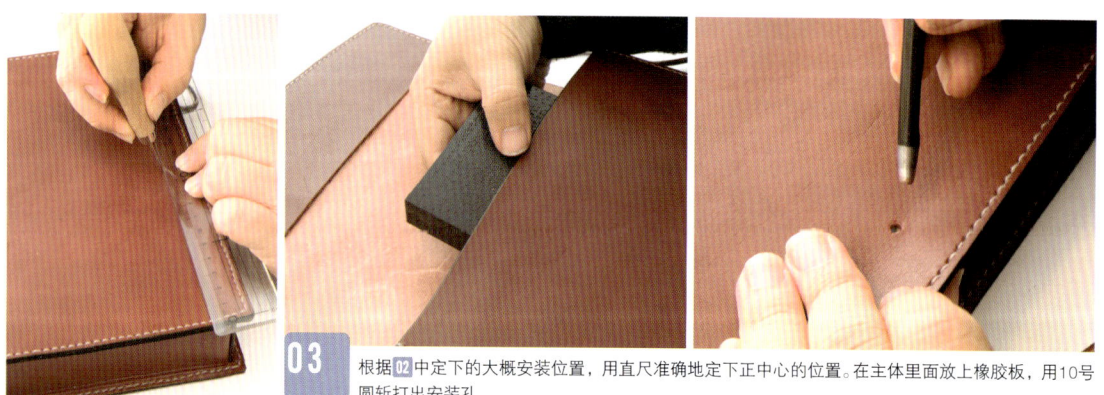

03 根据02中定下的大概安装位置,用直尺准确地定下正中心的位置。在主体里面放上橡胶板,用10号圆斩打出安装孔。

ITEM 05 手拿包

04 将鹿皮绳的一端斜着裁切后，从 03 中开出的安装孔表面穿过。绳子穿过后，在顶头打上结。

05 剪掉打结后多余的绳子。将鹿皮绳拉到节扣的位置，在节扣上绕两圈。将绕了两圈后多余的绳子斜着剪掉。

完成

绕上绳子，确认盖子能很好地固定住之后就完成了。

109

ITEM 06

DIARY COVER
笔记本封套

使用柔和皮革制成的笔记本封套。此处的封套尺寸为人气超高的B6(袖珍本)大小。
安装有磁扣的搭扣可以闭合起来。左右两边内页部分安装有袋子。

照片:小峰秀世

笔记本封套

PARTS
素材

❶各部件用皮：植鞣革，1mm厚
❷磁扣：直径12mm，1套

TOOLS
工具

- 美工刀
- 切割垫板
- 橡胶板
- 圆锥
- 三用磨边器
- 菱斩
- 木锤
- 手缝针
- 手缝线（细）
- 床面处理剂
- 打磨用的帆布
- 打火机
- 削边器
- 白胶
- 直尺
- 研磨片
- 固体胶
- 棉签
- 上胶片

各部件的准备

这个笔记本封套全部使用1mm厚的植鞣革制作。根据纸型，尽可能正确地裁切。

各部件的裁切

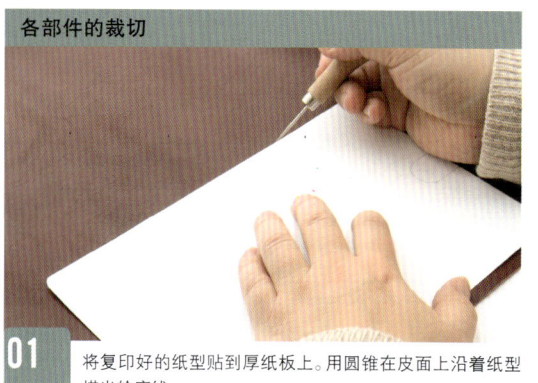

01 将复印好的纸型贴到厚纸板上。用圆锥在皮面上沿着纸型描出轮廓线。

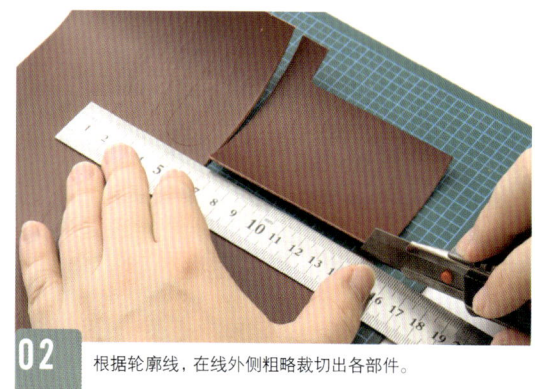

02 根据轮廓线，在线外侧粗略裁切出各部件。

03 将粗裁出的各部件仔细裁切。

04 此为搭扣部件。粗略裁切后，用直尺辅助，对左右两边的直线部分进行裁切。

05 搭扣的两端是半圆形。分数次直线裁切，先裁切出搭扣里皮，并用研磨片打磨成半圆形。

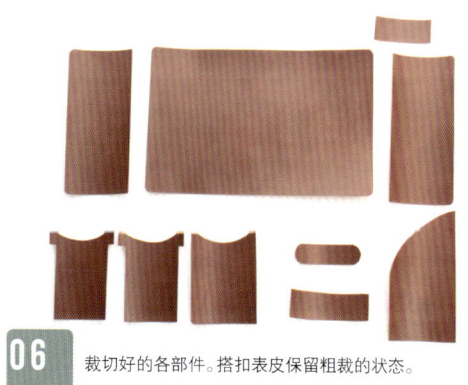

06 裁切好的各部件。搭扣表皮保留粗裁的状态。

ITEM 06 笔记本封套

各部件的肉面处理

07 在搭扣以外作为内贴部件的肉面上涂上床面处理剂。

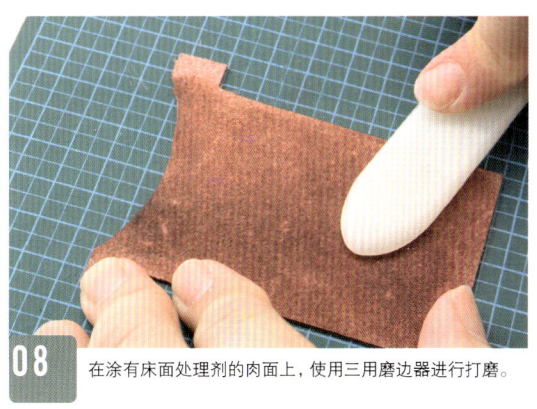

08 在涂有床面处理剂的肉面上,使用三用磨边器进行打磨。

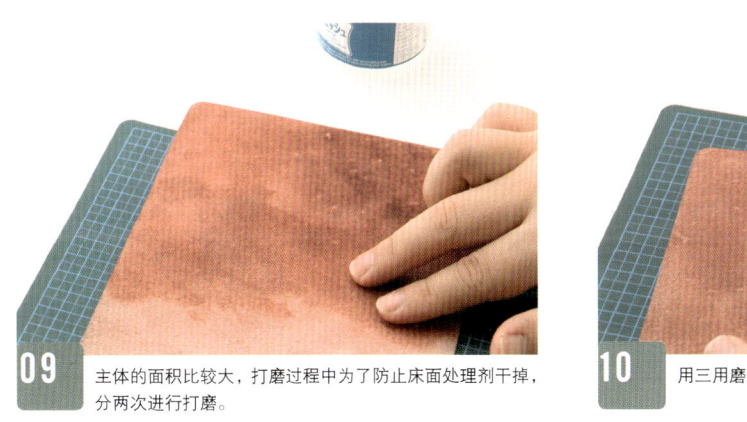

09 主体的面积比较大,打磨过程中为了防止床面处理剂干掉,分两次进行打磨。

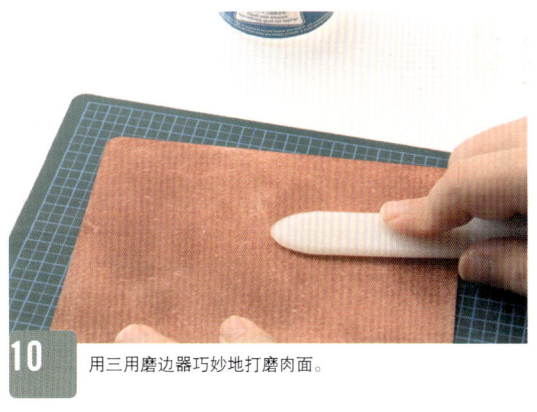

10 用三用磨边器巧妙地打磨肉面。

11 肉面打磨好的各部件。放置,让床面处理剂干透。

边缘加工

在缝制前，先对各部件边缘进行边缘加工。可以根据个人喜好和皮革的质地进行染色，也可以不染色。

01 上图中标识出红色的部分，是在缝制之前需要处理的边缘。

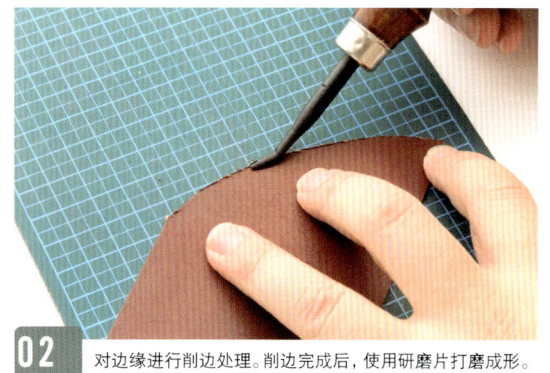

02 对边缘进行削边处理。削边完成后，使用研磨片打磨成形。

03 使用研磨片从皮面侧打磨。

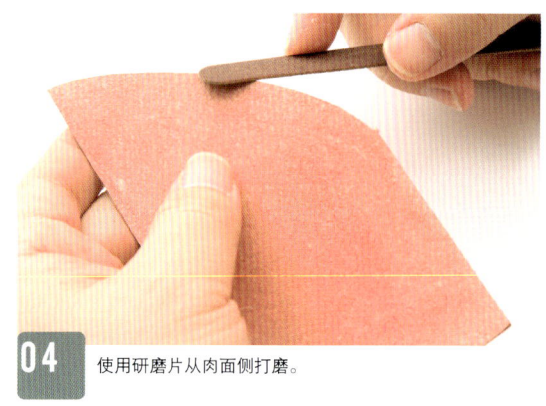

04 使用研磨片从肉面侧打磨。

05 卡袋的上边，曲线部分使用研磨片打磨成形。注意打磨得美观一些。

06 对笔插部件较长的边缘进行打磨。

ITEM 06 笔记本封套

07 在打磨成形后的边缘上涂上染料。注意不要溢出到皮面上，用棉签转动着在边缘上染色。

08 在染上染料的边缘上涂上床面处理剂。

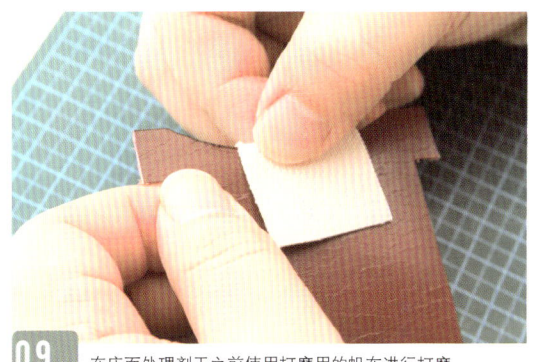

09 在床面处理剂干之前使用打磨用的帆布进行打磨。

10 将部件放置在桌子上，一面一面仔细地打磨。

11 其他各部件也同样进行打磨加工。

边缘加工

12 笔插的侧边也要认真打磨。

13 需要事先打磨边缘的部件打磨完成的样子。

左边卡袋的制作

左边的内衬安装有能够收纳3张信用卡大小的卡片的卡袋。注意制作时的顺序。

01 左边的卡袋的材料有：卡袋A和卡袋B（形状相同），卡袋C，内衬。

02 将三张卡袋部件如上图所示对齐。

03 保持卡袋对齐的状态，将内衬的底边与卡袋C的底边对齐。

POINT

04 用圆锥在内衬上做出卡袋A边缘位置的记号。

ITEM 06 笔记本封套

05 根据 04 中的记号，先单独贴合卡袋A。用圆锥在卡袋A下沿位置画线。

06 在卡袋A上放上卡袋B，同样在卡袋B的下沿位置画线。

07 从安装卡袋A的上方边缘位置开始，沿着边缘刮出3mm宽的粗糙面。

08 在 05 和 06 中画的线的上边，刮出3mm宽的粗糙面。

09 将T恤形状的卡袋A和卡袋B的袖子部分的肉面刮粗。

10 下边也同样从边缘往里刮出3mm宽的粗糙面。

左边卡袋的制作

11 卡袋C除了上边以外,其他三边肉面同样从边缘往里刮出3mm宽的粗糙面。

12 在卡袋A刮粗的部分上涂上白胶。

13 在安装卡袋A的内衬位置上也涂上白胶,将卡袋A黏合上去。

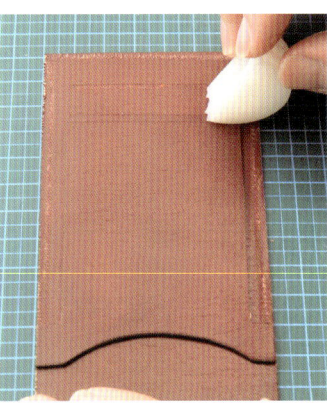
14 将卡袋A黏合到内衬上之后,在卡袋A下边画出3mm的缝合线。

POINT
15 依照 14 中画出的缝合线,尽可能用菱斩压出偶数数量的虚孔。

16 根据虚孔打出缝合孔。

ITEM 06 笔记本封套

POINT

17 测量缝制部分的长度，准备所量长度2倍的手缝线。在线的一头穿上手缝针。

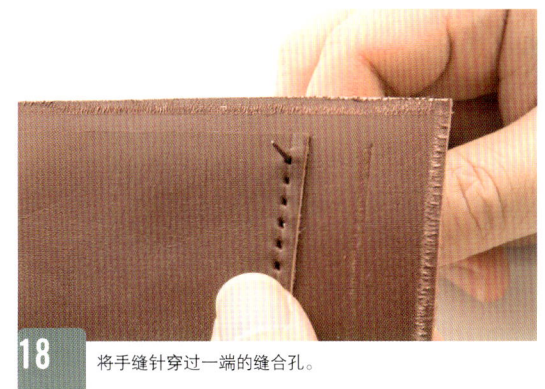

18 将手缝针穿过一端的缝合孔。

19 穿过的线在肉面侧保留2~3mm，用打火机做烧结处理。

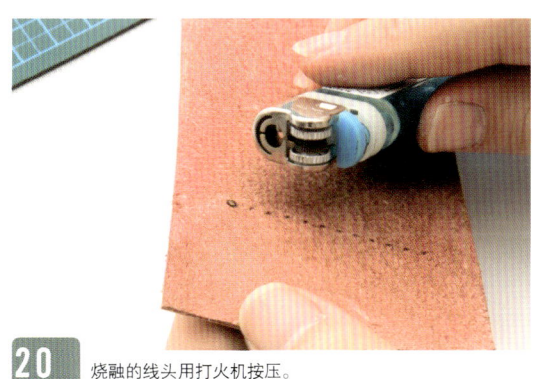

20 烧融的线头用打火机按压。

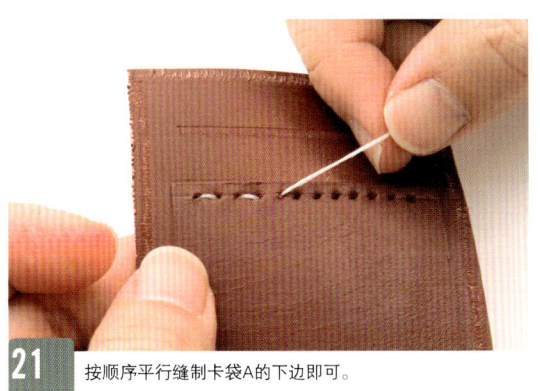

21 按顺序平行缝制卡袋A的下边即可。

CHECK

缝制到最后的状态。此处孔数为偶数，线头结尾在肉面侧。若孔数是奇数，则线头结尾在皮面侧。

119

左边卡袋的制作

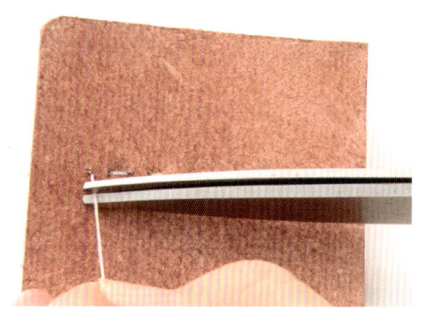

22 从肉面侧拉出手缝线并剪掉,保留2~3mm的线头。

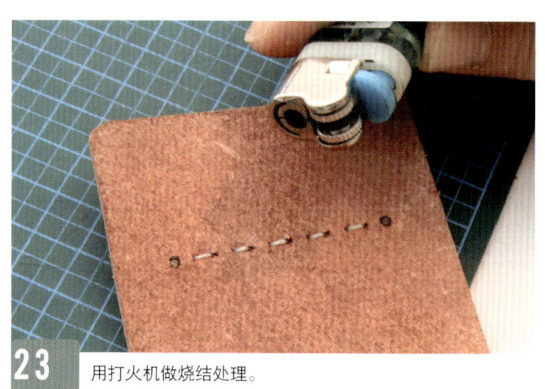

23 用打火机做烧结处理。

24 用木锤的侧面敲击针脚,尽量使线陷入皮里。

POINT

卡袋下边的缝合孔

为了使卡袋A和卡袋B的下边皮革重叠的部分看不出痕迹,在平行缝制的基础上仔细打磨,使手缝线陷入皮里。也可以使用更细的手缝线进行缝制。

POINT

25 用三用磨边器打磨平整。

26 在卡袋B的T恤袖子部分和下边涂上白胶。

ITEM 06 笔记本封套

27 在内衬安装卡袋B的位置上涂上白胶，对齐位置，将卡袋B黏合上去。

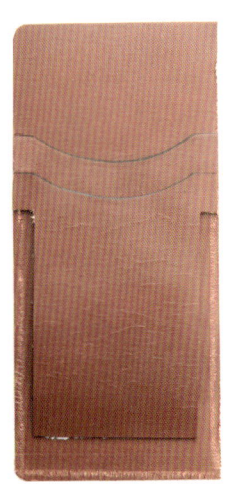

28 卡袋B黏合好的状态。上边的位置跟卡袋A契合。

29 在卡袋B的下边上打出跟卡袋A同样偶数数量的缝合孔。

30 卡袋B的下边同样进行平行缝制。

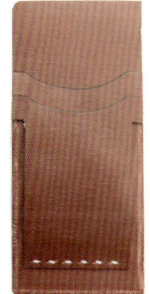

31 准备安装卡袋C。

32 在 11 中卡袋C除上边以外的其他三边的粗糙面上涂上白胶。

左边卡袋的制作

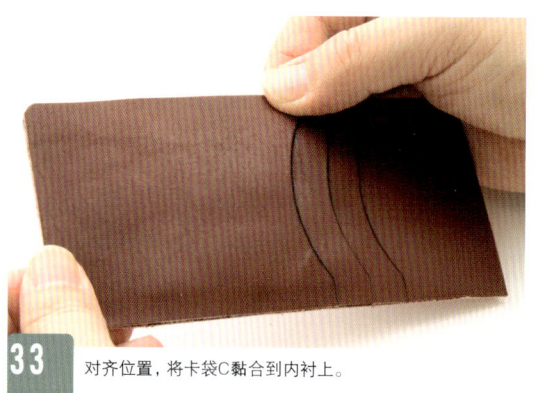

33 对齐位置,将卡袋C黏合到内衬上。

34 黏合好后,在内衬的三边(左、上、下)画出3mm宽的缝合线。

35 在内衬右侧画出3mm宽的缝合线,但不与上、下的线交叉,上下各保留一孔的距离。

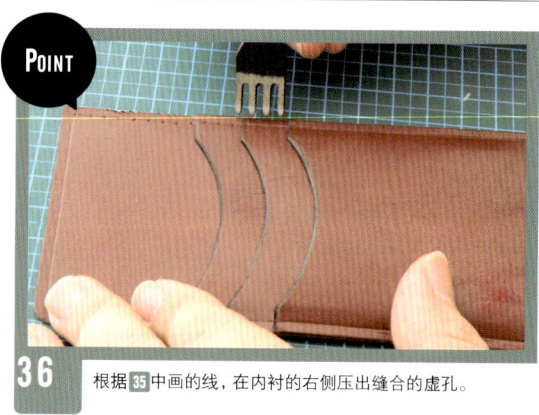

POINT

36 根据 35 中画的线,在内衬的右侧压出缝合的虚孔。

37 根据虚孔,用菱斩打出缝合孔。

POINT

38 打孔时注意调整孔之间的间隔,菱斩的刀刃不要切到卡袋的高低落差处。

ITEM 06 笔记本封套

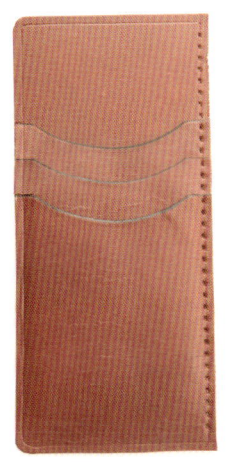

39 缝合孔打好的状态。右边以外的三边是与主体一起缝合，此处先不打孔。

40 准备缝合距离4倍长度的手缝线，线的两端都穿上手缝针。

41 从下边的缝合孔开始缝制。

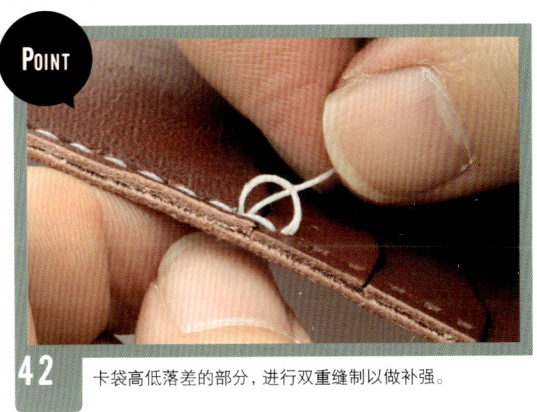

POINT

42 卡袋高低落差的部分，进行双重缝制以做补强。

43 一直缝制到上端的缝合孔。

44 进行回缝，将两根手缝线从内侧拉出。

左边卡袋的制作

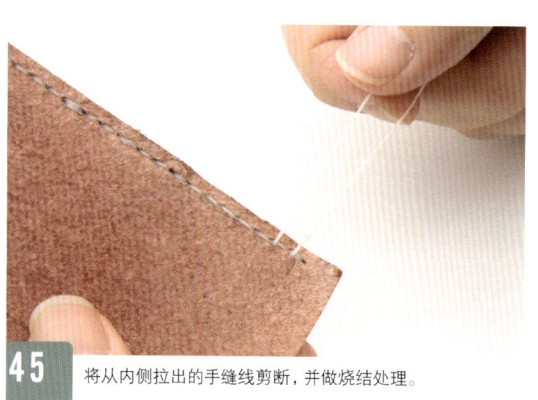
45 将从内侧拉出的手缝线剪断,并做烧结处理。

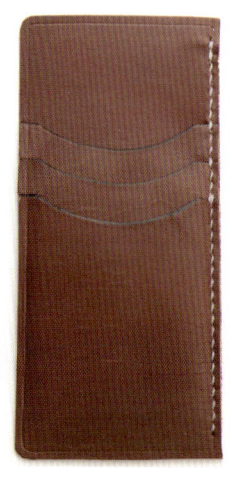
46 缝制完成的状态。

47 用木锤的侧面敲击,使得针脚平整。

48 使用研磨片将缝制好的边缘打磨平整。

49 对打磨平整后的边缘做削边处理。

50 用研磨片将削边处理后的边缘打磨成形。

ITEM 06 笔记本封套

51 将边缘打磨成半圆形之后,涂上染料。

52 在涂有染料的边缘上,涂上床面处理剂。

53 用打磨用的帆布打磨涂有床面处理剂的边缘。

54 放置在桌子上,仔细打磨两面的边缘,边缘会更漂亮。

55 左侧卡袋便完成了。

右边袋子的制作

在右侧的内衬上安装上大的袋子。

01 准备右侧的内衬和袋子部件。

02 将内衬跟袋子贴合在一起。在袋子的左侧位置做上记号。

03 在袋子的右侧位置也做上记号。

04 在 02 和 03 做的记号之间，沿着边缘在内衬皮面上刮出3mm宽的粗糙面。

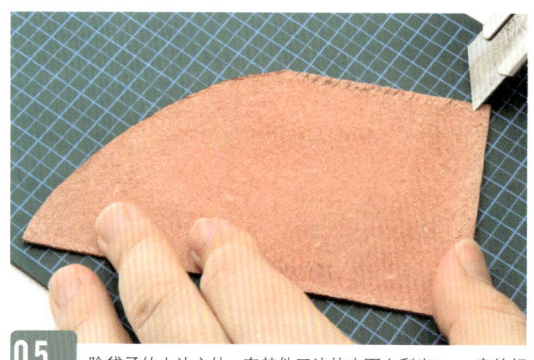

05 除袋子的上边之外，在其他三边的肉面上刮出3mm宽的粗糙面。

06 在 04 和 05 刮出的粗糙面上涂上白胶。

ITEM 06 笔记本封套

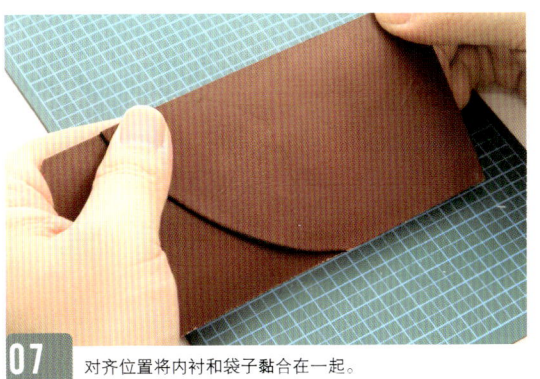

07 对齐位置将内衬和袋子黏合在一起。

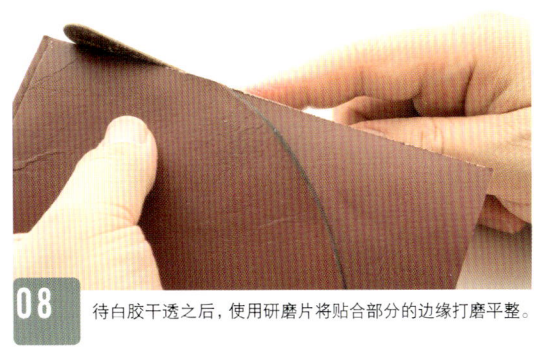

08 待白胶干透之后,使用研磨片将贴合部分的边缘打磨平整。

09 在内衬的三边(左、上、下)画出3mm宽的缝合线。左侧的线不与上、下的线交叉,上、下各保留一孔的距离。

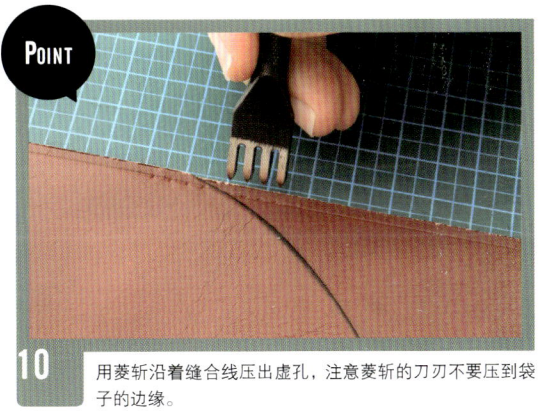

10 用菱斩沿着缝合线压出虚孔,注意菱斩的刀刃不要压到袋子的边缘。

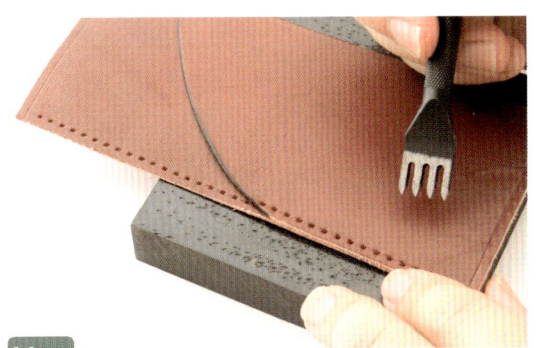

11 依照虚孔打出缝合孔。

12 缝合孔打好后就开始缝制。

右边袋子的制作

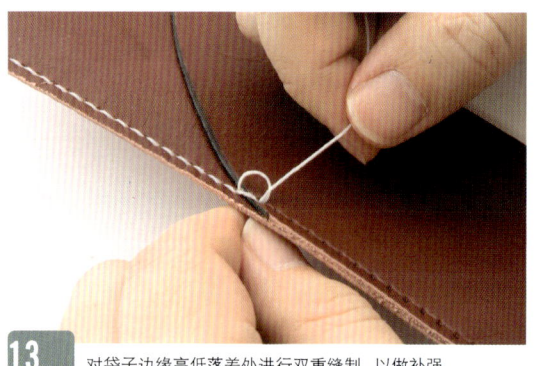

13 对袋子边缘高低落差处进行双重缝制,以做补强。

14 缝制到另一侧的顶头后,进行回缝,将两根手缝线都从里侧拉出。

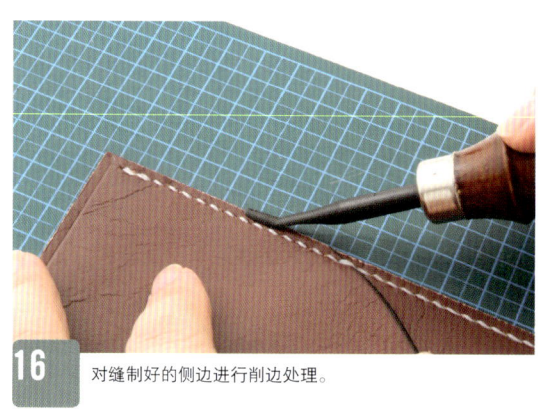

15 缝制结束。用木锤轻敲,使得针脚平整。

16 对缝制好的侧边进行削边处理。

17 用研磨片将边缘打磨成形,涂上染料。在涂有染料的边缘上涂上床面处理剂。

ITEM 06 笔记本封套

18 用打磨用的帆布打磨涂有床面处理剂的边缘。

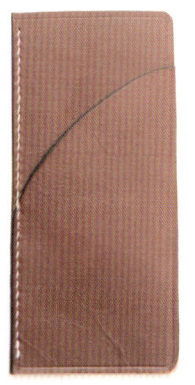

右侧卡袋便完成了。

19

搭扣条的制作和安装

搭扣上安装有磁石，与表面的部件贴合。同时还要跟主体缝合在一起，需要注意的地方很多。

01 准备主体、搭扣表皮、搭扣里皮、磁扣。

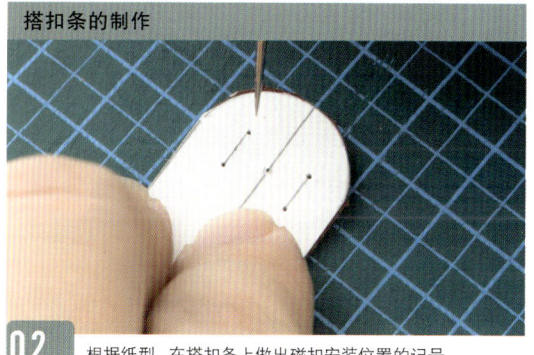

搭扣条的制作

02 根据纸型，在搭扣条上做出磁扣安装位置的记号。

03 连接 02 中做的记号，画出裁切线。

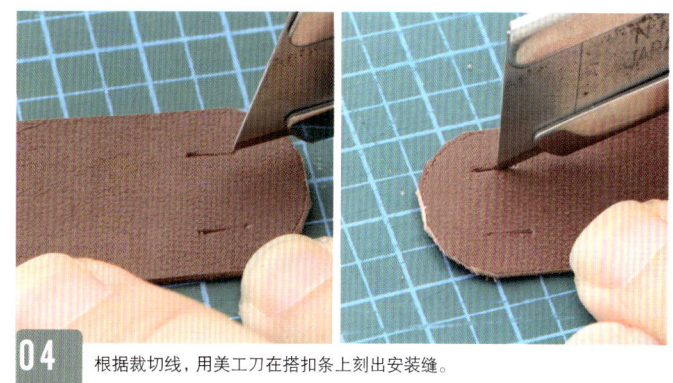

04 根据裁切线，用美工刀在搭扣条上刻出安装缝。

搭扣条的制作和安装

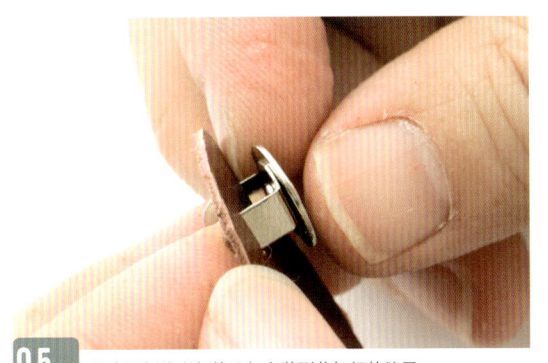

05 从皮面侧将磁扣的公扣安装到裁切好的缝里。

06 将磁扣压紧,紧贴皮面。

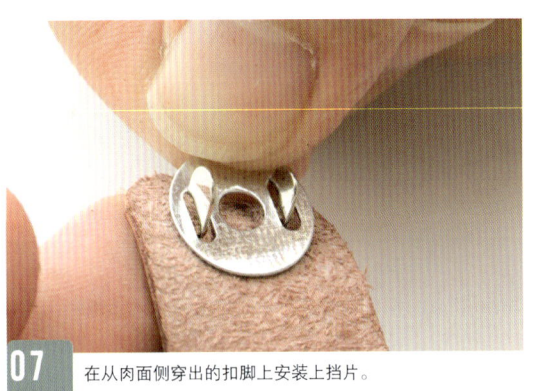

07 在从肉面侧穿出的扣脚上安装上挡片。

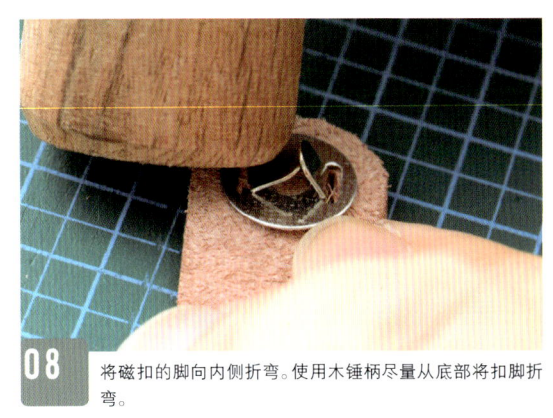

08 将磁扣的脚向内侧折弯。使用木锤柄尽量从底部将扣脚折弯。

09 将扣脚的部分紧紧地压在一起。

10 准备安装了磁扣公扣的搭扣里皮和粗略裁切的搭扣表皮。

ITEM 06 笔记本封套

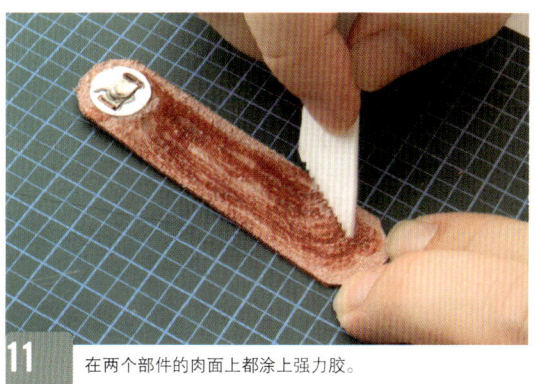

11 在两个部件的肉面上都涂上强力胶。

POINT

12 将中间部分弯曲成90°，使得表皮和里皮紧紧黏合在一起。

13 根据搭扣里皮形状裁切搭扣表皮，用研磨片打磨成形。

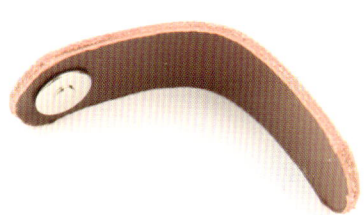

14 表皮和里皮黏合在一起后打磨成形的状态。

15 在搭扣条的周围一圈画出2mm宽的缝合线。

搭扣条的制作和安装

16 沿着缝合线,在搭扣条的四周压出虚孔。

17 用菱斩打出缝合孔,注意不要碰到磁扣的挡片。

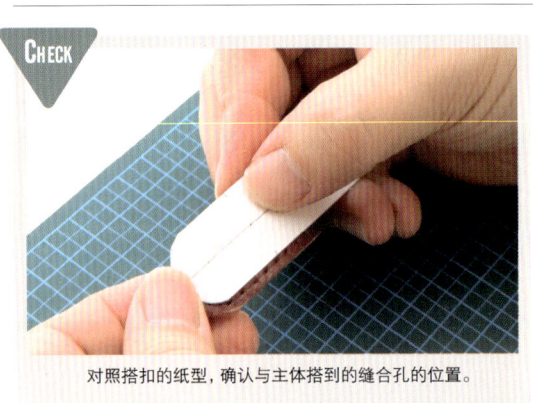
CHECK
对照搭扣的纸型,确认与主体搭到的缝合孔的位置。

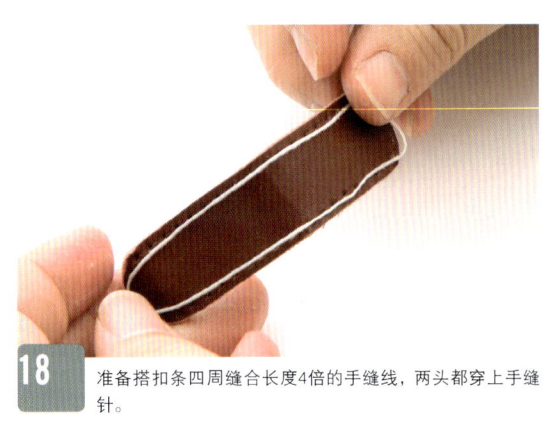
18 准备搭扣条四周缝合长度4倍的手缝线,两头都穿上手缝针。

19 在"CHECK"的基础上,从与主体搭到的缝合孔开始缝制。

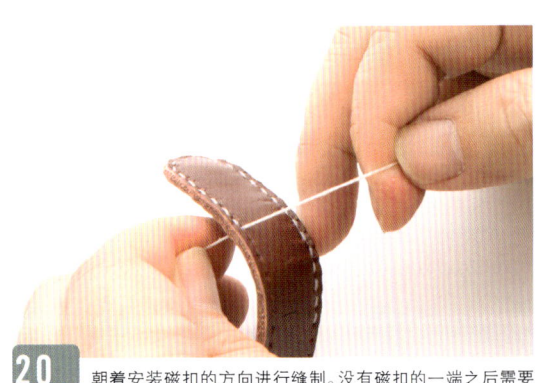
20 朝着安装磁扣的方向进行缝制。没有磁扣的一端之后需要同主体一起缝制,此处不缝。

ITEM 06 笔记本封套

Point

21 缝制到另一侧与主体搭到的缝合孔时，缝制先暂停。

22 对搭扣条的四周边缘进行加工，包含没有缝制的部分。使用研磨片打磨成形。

23 打磨成形后就涂上染料。注意不要将染料涂到手缝线上。

24 在涂有染料的边缘上涂上床面处理剂。

25 使用打磨用的帆布打磨边缘。可以分数次涂抹床面处理剂并打磨。

Point

26 没有缝合部分的边缘也处理完成。

133

搭扣条的制作和安装

将搭扣条安装到主体上

27 准备主体和缝制了一半的搭扣条。将搭扣条没有磁扣的一端和主体一起缝制。

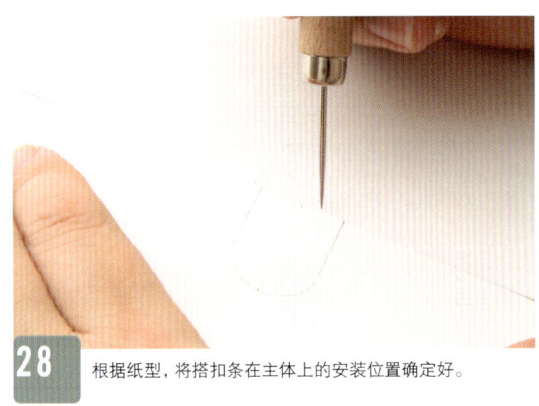

28 根据纸型，将搭扣条在主体上的安装位置确定好。

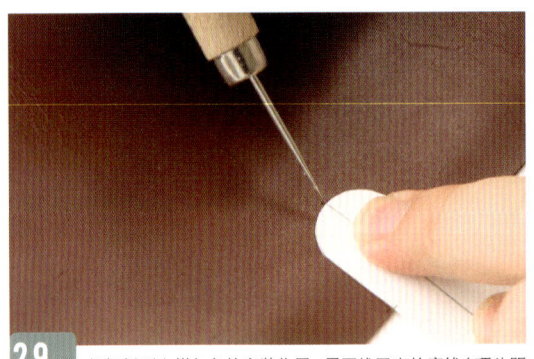

29 根据纸型上搭扣条的安装位置，用圆锥画出轮廓线（顶头距离边缘15mm）。

30 使用美工刀的刀背将主体上搭扣条的安装面刮粗。

31 将搭扣条里侧从顶头到15mm处的范围也刮粗。

32 在 30 中刮粗的搭扣条安装面上涂上白胶。

ITEM 06 笔记本封套

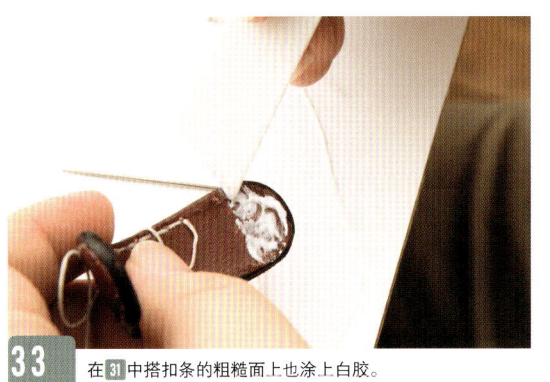

33 在 31 中搭扣条的粗糙面上也涂上白胶。

34 对齐位置，将主体和搭扣条黏合，一直等到白胶彻底干透。

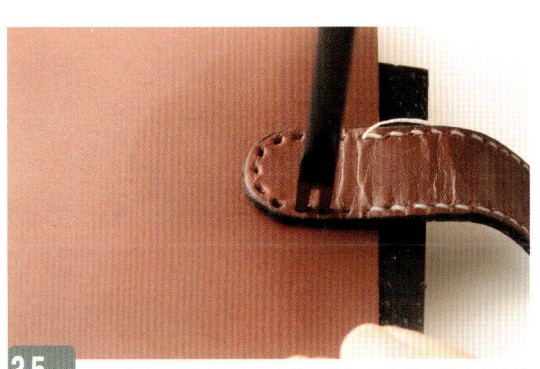

35 等白胶完全干透之后，用菱斩从搭扣条的缝合孔中将主体打穿，打出缝合孔。注意，已经缝合的两端各保留一个孔。

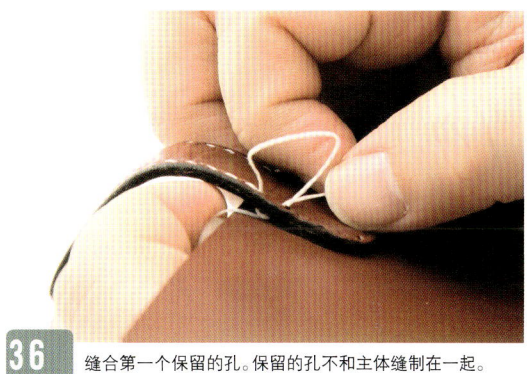

36 缝合第一个保留的孔。保留的孔不和主体缝制在一起。

POINT

37 从搭扣条的里侧将手缝针穿过下一个孔。

38 将表侧的手缝针从 37 的那个孔中穿过。注意，此时手缝针也要穿过主体。

搭扣条的制作和安装

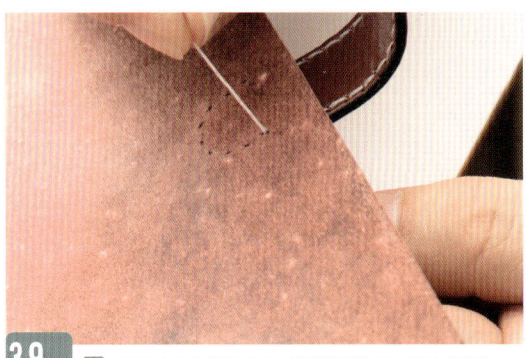

39 38中穿过主体的线的状态。继续缝制到另一侧的保留孔。

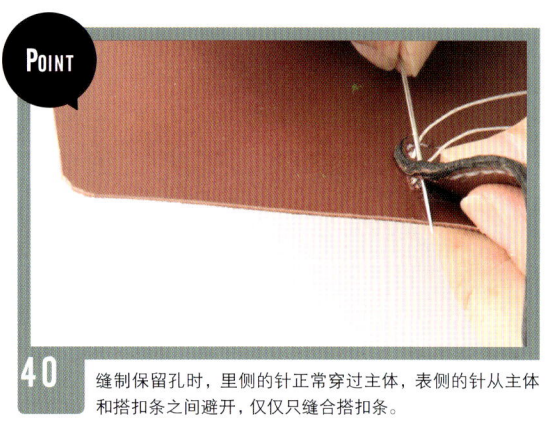

POINT

40 缝制保留孔时,里侧的针正常穿过主体,表侧的针从主体和搭扣条之间避开,仅仅只缝合搭扣条。

41 对搭扣条开始缝制的地方进行双重缝制。缝制结束后将两条线从里侧拉出来。

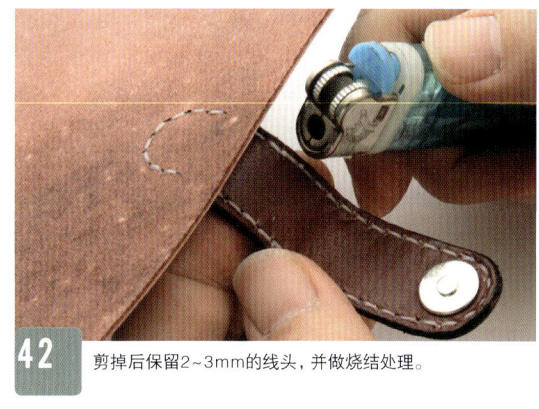

42 剪掉后保留2~3mm的线头,并做烧结处理。

43 搭扣条安装到主体上的状态。

主体上磁扣的安装

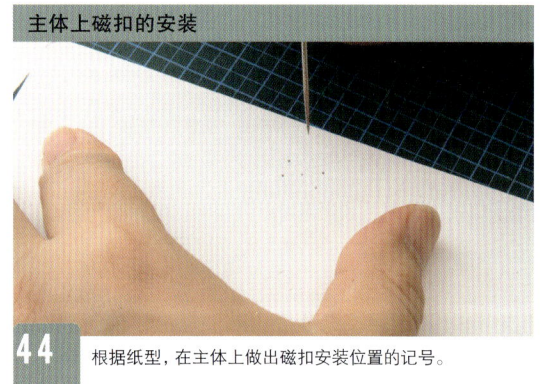

44 根据纸型,在主体上做出磁扣安装位置的记号。

ITEM 06 笔记本封套

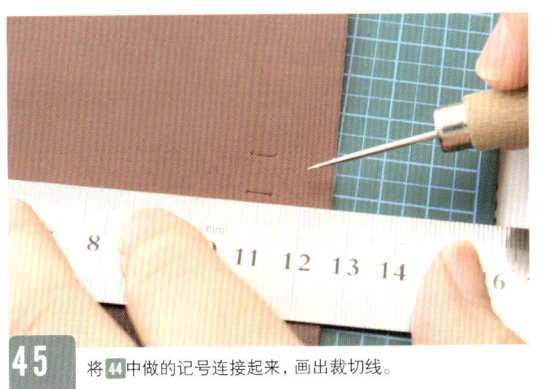

45 将 44 中做的记号连接起来,画出裁切线。

46 根据裁切线,用美工刀在主体上刻出安装缝。

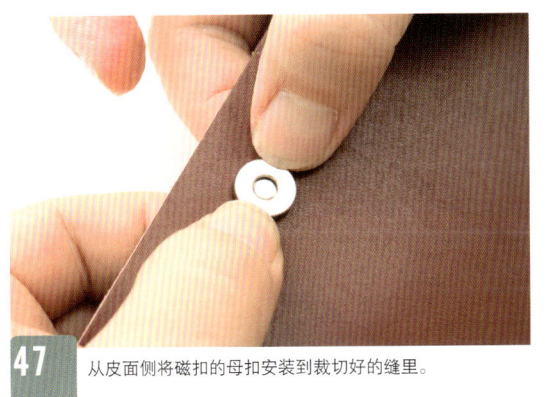

47 从皮面侧将磁扣的母扣安装到裁切好的缝里。

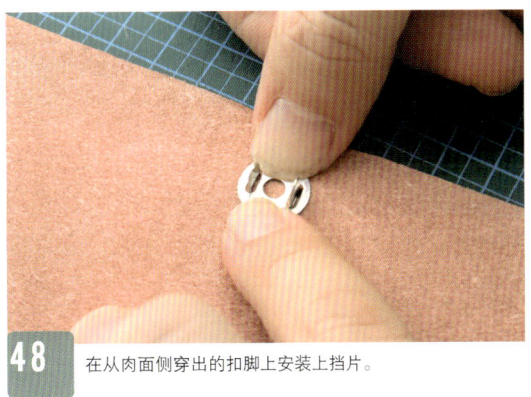

48 在从肉面侧穿出的扣脚上安装上挡片。

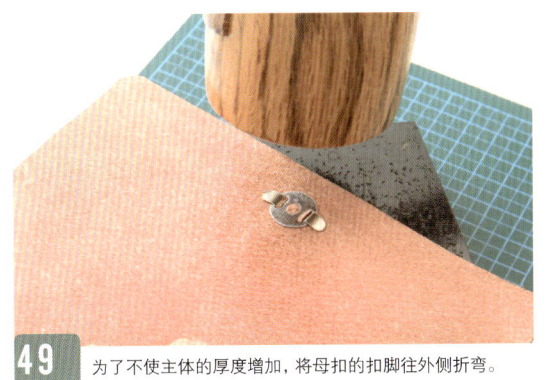

49 为了不使主体的厚度增加,将母扣的扣脚往外侧折弯。

50 搭扣条和磁扣安装到主体上的状态。

各部件的缝制和加工

将处理完的各部件组合在一起。将各部件贴合在一起，一圈缝制下来，所有的部件就都缝合在一起了。

制作笔插

01 准备制作好的主体部件、左右内衬、笔插。

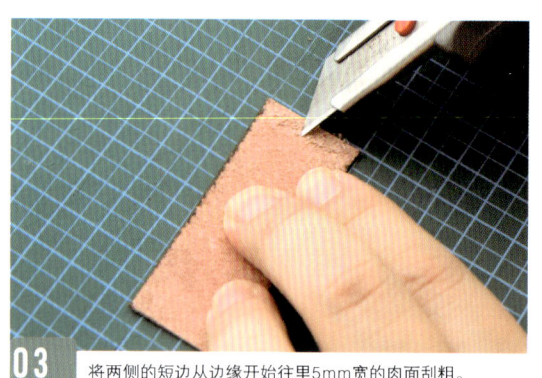

02 将笔插部件的长边进行边缘加工。

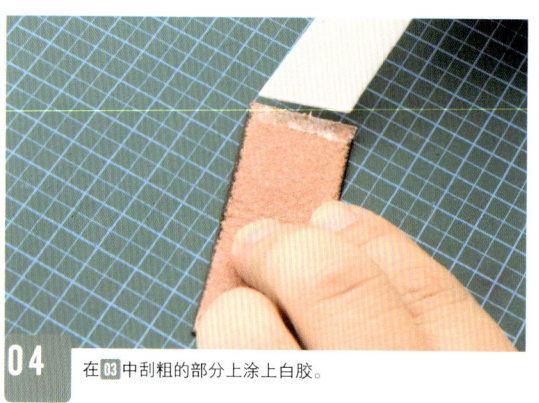

03 将两侧的短边从边缘开始往里5mm宽的肉面刮粗。

04 在 03 中刮粗的部分上涂上白胶。

05 对齐短边折弯过来，使短边黏合在一起。

06 笔插部件制作完成的状态。

ITEM 06 笔记本封套

将笔插安装到右侧内衬上

07 准备笔插和右侧内衬。

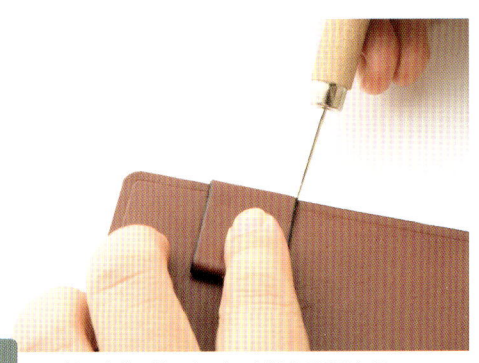

08 将笔插对齐袋子的上边，在下侧的位置处做记号。

09 从袋子的上边到 08 中做记号的位置，在皮面上刮出3mm宽的粗糙面。

10 在笔插短边的其中一面上刮出3mm宽的粗糙面。注意，这里仅仅刮需要黏合的一面。

11 在 08 和 10 刮出的粗糙面上涂上白胶。

12 对齐位置，将笔插和内衬部件黏合到一起。

各部件的缝制和加工

13 笔插黏合到内衬部件上的状态。

主体和左右内衬的缝制

14 准备主体部件和左右内衬部件。

15 将左右内衬对齐主体，在安装位置处做记号。

16 根据 **15** 中做的记号，将主体需要黏合部分的边缘刮出3mm宽的粗糙面。

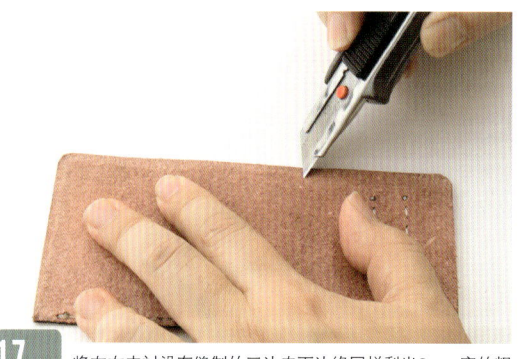

17 将左右内衬没有缝制的三边肉面边缘同样刮出3mm宽的粗糙面。

18 先安装右侧内衬。在 **16** 和 **17** 中刮出的粗糙面上涂上白胶。

ITEM 06 笔记本封套

19 对齐边缘的位置，将右侧内衬黏合到主体部件的肉面上。

20 安装左侧内衬。同样在粗糙面上涂上白胶。

21 对齐边缘的位置，将左侧内衬黏合到主体的肉面上。

22 左右内衬和主体黏合完成的样子。注意确认袋子的朝向有没有错误。

23 对齐缝合线的位置，用圆锥在主体与内衬的高低落差处扎出孔。

24 使用圆锥在笔插的高低落差处扎孔。

各部件的缝制和加工

25 在主体的表侧边缘画出3mm宽的缝合线。

26 左侧卡袋的高低落差处同样使用圆锥扎孔。

27 以之前用圆锥扎出的孔为基准，沿着缝合线压出虚孔。依照虚孔，用菱斩打出缝合孔。孔与孔之间的间隔有调整的必要时，可以交替使用2齿和4齿的菱斩。

28 主体周围打好缝合孔的状态。

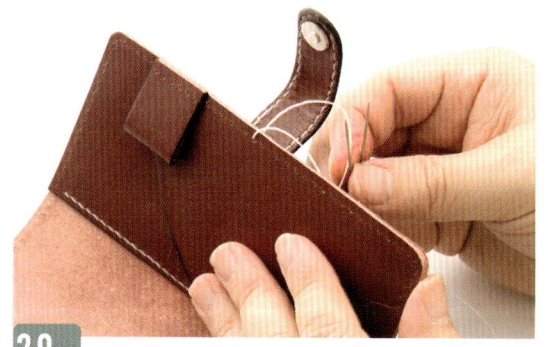

29 从哪个位置开始缝都可以，但是为了美观，最好从不显眼的地方开始缝。此处从搭扣条处开始缝制。

ITEM 06 笔记本封套

30 手缝线重叠的地方，用一定的力道拉紧，继续缝制。

POINT

31 对内衬的高低落差部分进行双重缝制。

32 对卡袋的边缘部分进行双重缝制。

33 对笔插的高低落差部分进行双重缝制，以做补强。

34 一圈缝制下来，回到开始的缝制位置。

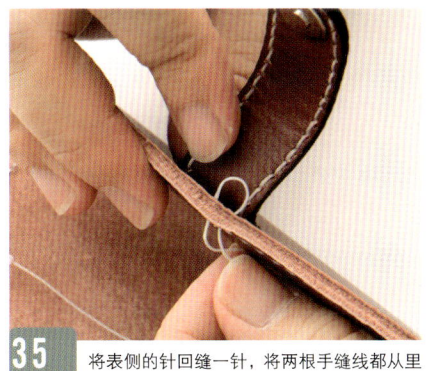

35 将表侧的针回缝一针，将两根手缝线都从里侧拉出。

36 将从里侧拉出的两根线剪掉，并做烧结处理。

143

各部件的缝制和加工

37 缝制结束，所有的部件都缝制在一起了。

38 用木锤的侧面轻敲，使得针脚平整。

39 木锤敲击不到的部分，使用三用磨边器摩擦平整。

边缘的加工

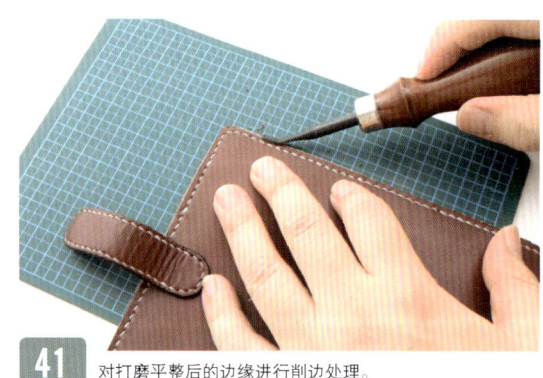

40 使用研磨片将缝制结束部分的边缘打磨平整。

41 对打磨平整后的边缘进行削边处理。

ITEM 06 笔记本封套

42 使用研磨片将削边处理完的边缘打磨成半圆形,并涂上染料。涂上染料之后再涂上床面处理剂。

43 使用打磨用的帆布打磨边缘。42 和 43 的操作可以反复进行,使得边缘更漂亮。

完成

将B6尺寸的笔记本装进去并盖上,确认是否有问题。

GLASSES TRAY
印花眼镜盘

虽然是质朴的眼镜盘,但是经过印花装饰后马上就呈现出强烈的存在感。印花需要专门的工具,稍加练习就可以制作出来。

制作及设计:大竹正博(SOUL LEATHER)/ 照片:小峰秀世

SPECIAL ITEM 01 印花眼镜盘

PARTS 材料

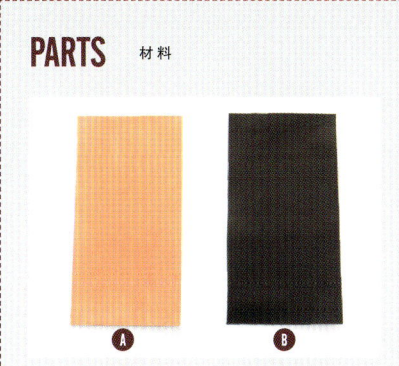

① 主体用皮A：光面雕刻皮，厚度2.5mm
② 主体用皮B：油感牛皮，厚度1.3mm

TOOLS 工具

制作关联

① 木锤 ② 皮雕锤 ③ 美工刀 ④ 橡胶板 ⑤ 大理石 ⑥ 毛毡垫 ⑦ 研磨片 ⑧ 裁皮刀 ⑨ 压擦器 ⑩ 圆锥 ⑪ 羊毛片 ⑫ 铁笔 ⑬ 上胶片 ⑭ 手缝针 ⑮ 床面处理剂 ⑯ 白胶 ⑰ 剪刀 ⑱ 边线器 ⑲ 直尺 ⑳ 手缝线 ㉑ 皮镜 ㉒ 印花工具 ㉓ 旋转雕刻刀 ㉔ 削边器 ㉕ 菱斩 ㉖ 防伸展纸 ㉗ 纱布头 ㉘ 砂纸（400目、600目、800目、1000目）㉙ 毛刷 ㉚ 塑胶板 ㉛ 碗 ㉜ 海绵（皮雕专用）㉝ 玻璃板

染色关联

① 皮革亮光剂 ② 牛角油
③ 油性染料（红、黑、浅茶）
④ 稀释液 ⑤ 古彩涂饰剂
⑥ 牙刷 ⑦ 油染刷 ⑧ 毛笔
⑨ 自制染色刷

旋转雕刻刀

可以旋转的皮雕专用雕刻刀。制作例中有使用到单头刀刃和双头刀刃，但仅仅使用单头也能制作。

印花工具

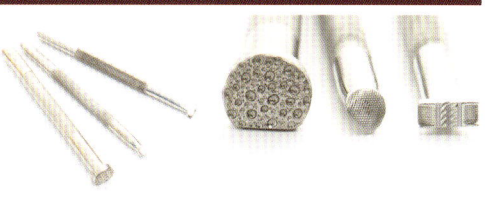

本作品用到的印花工具有三种。从左往右分别是Hide Crafter制的鱼皮纹印花工具（型号13），Barry King制的打边工具（型号2），Barry King制的单股席纹印花工具（型号1.5）。

147

印花

从一块光面雕刻皮中裁切出主体A，进行印花操作。如果一处印花错位的话，整体看上去则会乱糟糟的。

主体的准备

01 裁切出比主体A大一圈的部件，用水打湿。

02 在打湿后的雕刻皮肉面上贴上防伸展纸。将贴好的雕刻皮翻过来放置，用玻璃板压平。

03 等防伸展纸贴牢之后，将超出主体的部分裁切掉。

印花

04 根据纸型，用铁笔在各个角的位置处做上记号。内侧为边缘线的记号，外侧为裁切线的记号。

05 连接边缘线的记号，用双刃旋转雕刻刀刻出两根边缘线。

06 外侧的边缘线顶头部分没有连接，使用单刃雕刻刀连接起来。

SPECIAL ITEM 01 印花眼镜盘

07 在两条内侧长边边缘线的中心做记号,连接两个中心点,画出一条极细的中心线。

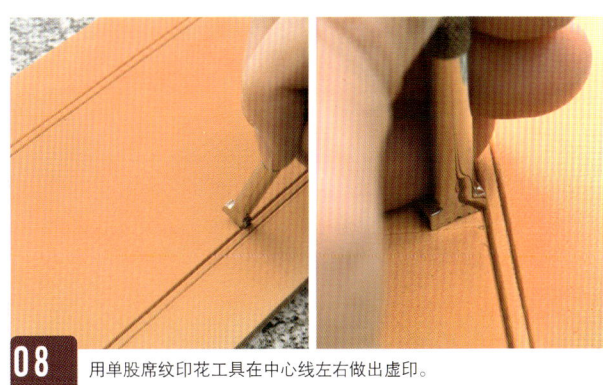

08 用单股席纹印花工具在中心线左右做出虚印。

CHECK

根据虚印,轻轻敲击席纹印花工具,在左右两边做出基准印。图中为敲击出的右侧基准印。

09 根据右侧基准印的位置,在中心线左侧打出对称的基准印。

10 与一开始打出的印记的单个边重叠,轻轻敲击出印记以确认位置。从一开始的印记开始用力重新敲一次。

11 同样与单个边重叠,敲击出下一个印花。

149

印花

CHECK

印花敲击的原则是垂直敲击,但是在结尾处为了不与边缘线重叠,可以将印花工具倾斜着敲击。

12 另外一侧为了确认位置,也先轻轻敲击出印记,确认位置后重敲。

13 继续敲下去。结尾处和之前一样,为了不与边缘线重叠,将印花工具倾斜着敲击。

 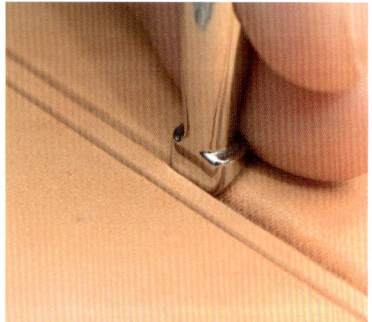 

14 边缘线内外两侧先使用打边工具敲击。

SPECIAL ITEM 01 印花眼镜盘

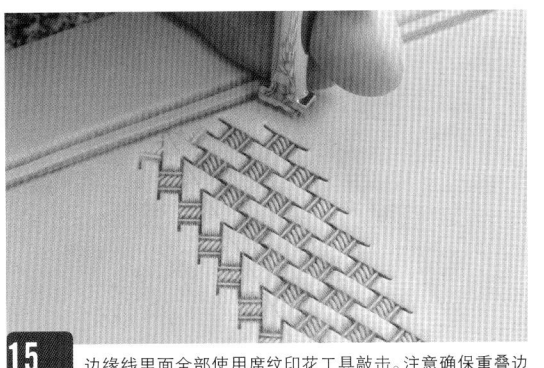

15 边缘线里面全部使用席纹印花工具敲击。注意确保重叠边的准确性。

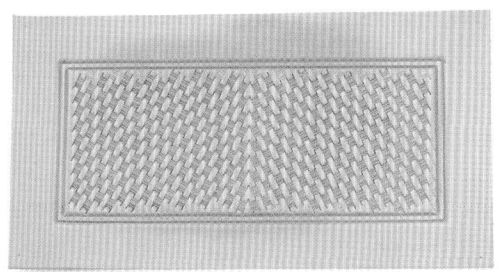

16 整个面差不多用席纹印花工具敲击后的状态。

POINT

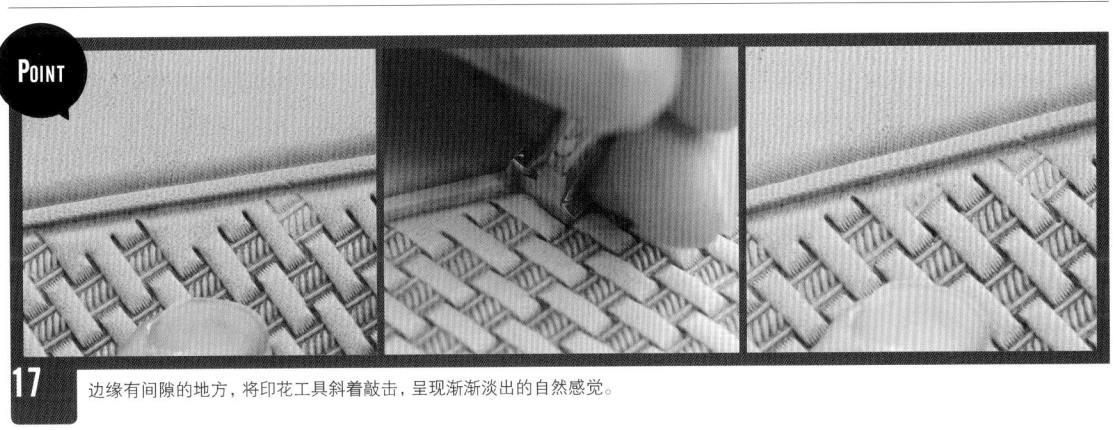

17 边缘有间隙的地方，将印花工具斜着敲击，呈现渐渐淡出的自然感觉。

各部件的裁切

18 席纹印花敲击完成后，将边缘线的部分再次用水打湿。

POINT

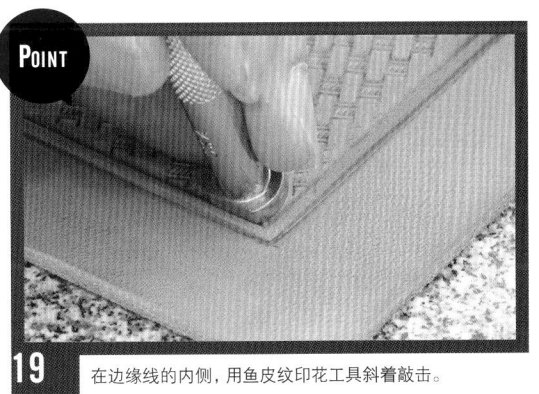

19 在边缘线的内侧，用鱼皮纹印花工具斜着敲击。

印花

20 将鱼皮纹印花稍微重合着连续地敲击下去。

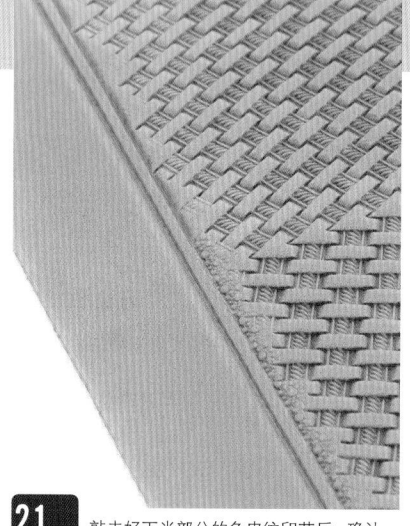

21 敲击好下半部分的鱼皮纹印花后，确认一下没有敲击的部分。

22 边缘线的外侧也使用鱼皮纹印花工具敲击。斜着敲击，往外侧自然地淡出。

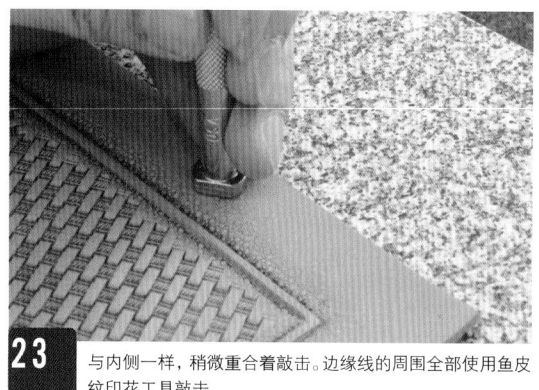

23 与内侧一样，稍微重合着敲击。边缘线的周围全部使用鱼皮纹印花工具敲击。

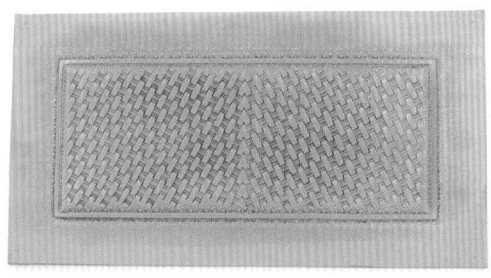

24 边缘线的四周，鱼皮纹印花敲击好的样子。

25 鱼皮纹印花的细节放大图。

152

SPECIAL ITEM 01 印花眼镜盘

染色

主体A的印花制作完成后，开始用染料进行染色。此处配色只是一个示例。可以染上自己喜欢的颜色，做出个性鲜明的作品。

染色1

01 染上红色。使用稀释液调整浓度。大竹先生说："调得稍微稀一些，可以进行反复叠色。"

02 使用毛笔将边缘线的内侧一圈染色，注意不要将染料涂出界外。

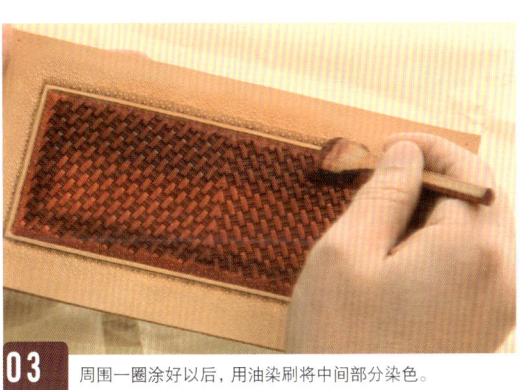

03 周围一圈涂好以后，用油染刷将中间部分染色。

04 根据喜好和浓度进行叠染。

染色2

05 将在红色上面叠染的浅茶色的染料倒入盘子中，使用稀释液调整浓度。

06 与染红色时候一样，从边缘线的内侧部分开始最初的染色。

153

染色

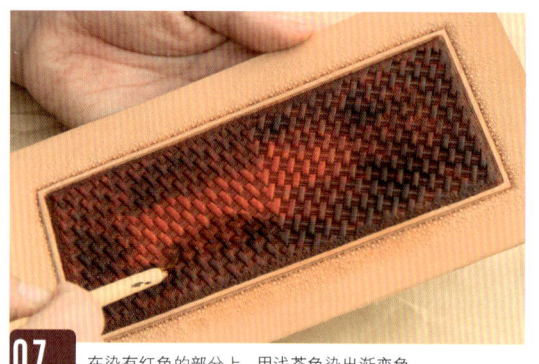

07 在染有红色的部分上,用浅茶色染出渐变色。

08 用浅茶色进行多次叠染,可以根据个人喜好调整颜色。

染色3

09 边缘线往外的部分使用黑色染料。使用稀释液调整染料的浓度。

10 用黑色染料将边缘线的外侧边缘进行染色。

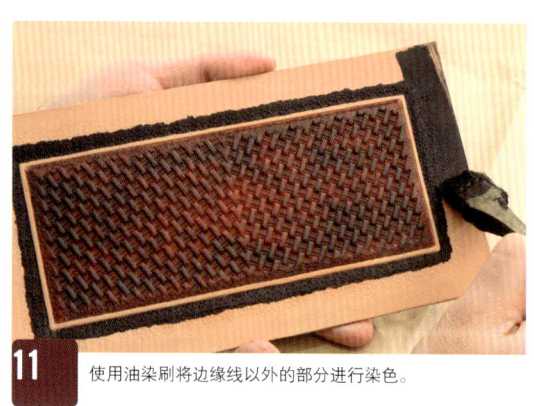

11 使用油染刷将边缘线以外的部分进行染色。

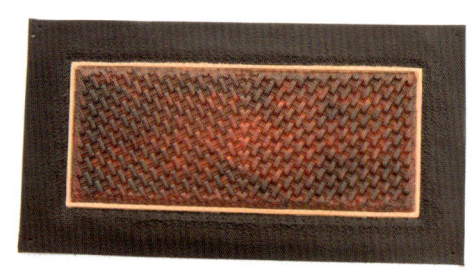

12 边缘线往外的部分全部染好的状态。

SPECIAL ITEM 01 印花眼镜盘

各部件的裁切

13 染料干了之后,确认颜色,有必要的话可以继续叠染。

14 印花部分有浅茶色的叠染,颜色看上去很深。

涂抹牛角油

15 用纱布头蘸上牛角油,涂抹整个染色面。涂抹了牛角油之后,需要放置12小时以待干燥。

涂抹皮革亮光剂

16 牛角油干透之后,准备涂皮革亮光剂。

17 使用羊毛片,在全部的染色部分上涂抹皮革亮光剂。

155

染色

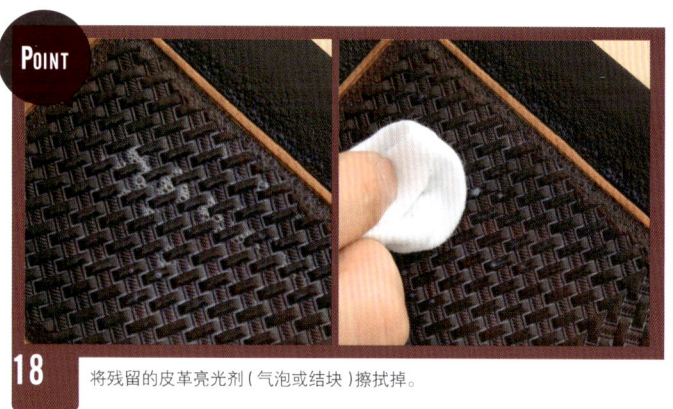

18 将残留的皮革亮光剂(气泡或结块)擦拭掉。

19 涂抹完皮革亮光剂之后,也要放置12小时以待干燥。

涂抹古彩涂饰剂

20 待皮革亮光剂干透之后,使用牙刷在中心的印花部分,全面涂上古彩涂饰剂。

21 涂抹完古彩涂饰剂,用干净的牙刷将多余的古彩涂饰剂扒出来,用纱布头擦拭表面。

SPECIAL ITEM 01 印花眼镜盘

22 等将多余的古彩涂饰剂擦拭完之后,再次在表面涂抹皮革亮光剂。

23 皮革亮光剂需要12小时才能干燥。

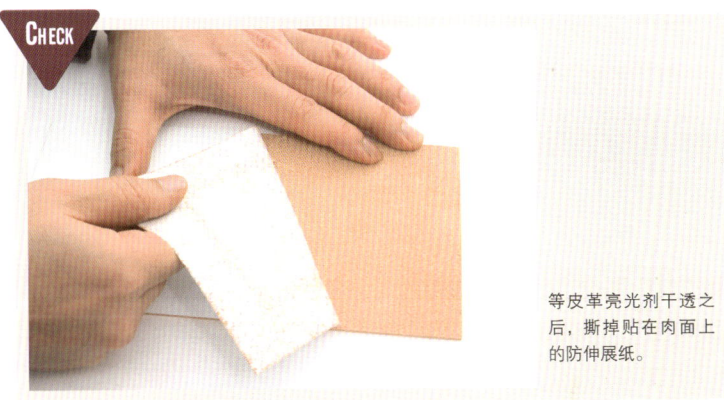

CHECK

等皮革亮光剂干透之后,撕掉贴在肉面上的防伸展纸。

主体的制作

印花制作完成后,需要将主体A和主体B组合在一起。将主体A贴合到粗略裁切的主体B上,根据主体A的形状裁切主体B。

01 将一开始扎出的外侧的四个角的记号连接起来,画出真正的裁切线,根据这根线进行裁切。主体A尺寸是220mm×110mm。

主体的制作

Point

02 将主体A肉面四周边缘5mm宽的部分削薄至1.2mm厚。

03 主体A的肉面四周被削薄之后的状态。

04 图中为已经裁切好的主体A和粗裁的主体B。

05 在两部件的肉面上均匀涂抹白胶。

06 将主体A和主体B黏合在一起。用力压着，注意不要将主体A的表面弄坏。

07 边缘部分使用边线器轻轻按压，然后使用压擦器紧紧按压黏合。

SPECIAL ITEM 01 印花眼镜盘

08 将主体的背面朝上，上面放置一张纸，使用玻璃板摩擦，使其黏合得更紧。注意，用力过猛可能会破坏正面印花。

09 根据主体A的形状，将主体B多余的部分裁切掉。

10 用研磨片垂直于边缘打磨，将边缘打磨平整。

11 用边线器在主体的周围画出3mm宽的缝合线。

Point

12 转角的部分使用圆锥扎出基准缝合孔。

13 根据基准缝合孔的间距，使用菱斩压出虚孔，打出缝合孔。

159

主体的制作

14 对主体周围一圈进行缝制。结束处进行回缝,并将两条线都从背面拉出。

15 剪断手缝线,保留2~3mm的线头,并做烧结处理。大竹先生使用电烙笔进行烧结处理。

16 周围一圈缝制结束的状态。

边缘的加工

缝制结束后对边缘进行打磨处理。为了使边缘更加美观,大竹先生使用了400~1000目的砂纸打磨。

01 缝制完成后,对表面和背面进行削边处理。

02 使用研磨片将削边处理后的边缘打磨成半圆形。

SPECIAL ITEM 01 印花眼镜盘

03 打磨成形后的边缘。大竹先生从这里开始使用砂纸对边缘打磨处理。

04 按照400目、600目、800目、1000目的顺序逐渐使用细化的砂纸打磨，完成时的边缘会很平滑。

05 在砂纸打磨后的边缘上涂上黑色染料。

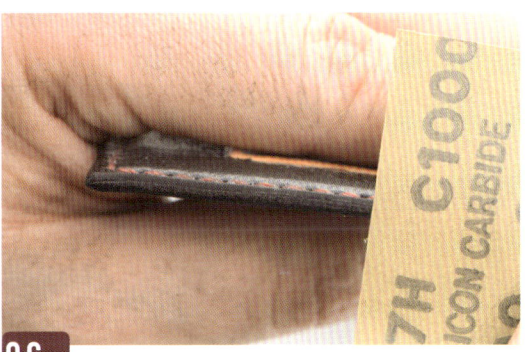

06 用1000目的砂纸稍加打磨涂上黑色染料的边缘。

07 再次在边缘上染上黑色染料，涂上床面处理剂，使用纱布头打磨。

主体的制作

08 在用床面处理剂打磨后的边缘上,涂上皮革亮光剂。

09 待皮革亮光剂干透之后,边缘部分就处理完成了。

塑形　　　　利用植鞣革"可塑形"的特性,将眼镜盒在打湿时做出造型,干透后依然能够保持造型。

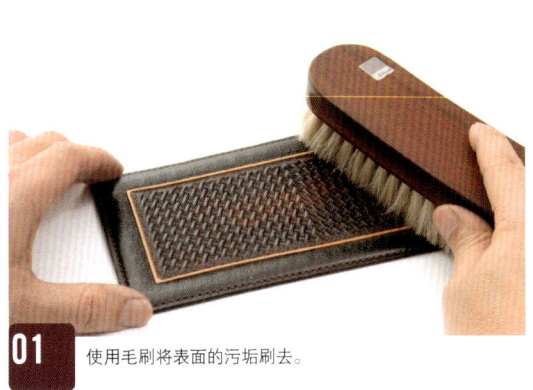

01 使用毛刷将表面的污垢刷去。

02 用水将主体的背面彻底打湿。

POINT

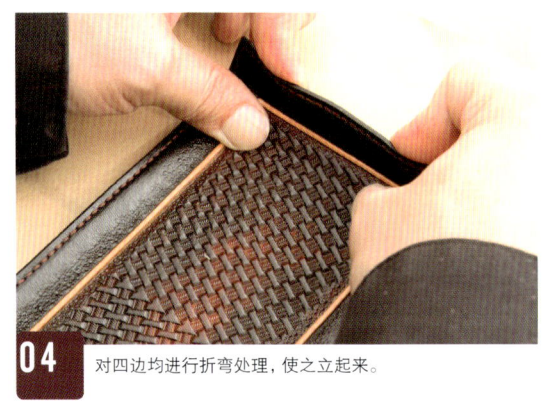

03 将主体翻转到正面,沿着边缘线往内弯曲。如上图所示,可以借助直尺弯曲皮面。

04 对四边均进行折弯处理,使之立起来。

SPECIAL ITEM 01 印花眼镜盘

05 将转角部分进行挤压，做出形状。

06 将转角部分捏紧，挤压成形。

07 调整整体的形状，等待干透。

完成

水分完全干透之后眼镜盘就完成了。

SHOP INFORMATION

技术卓越，多次获奖

大竹先生不仅拥有自己的皮革作品品牌，还开设了SOUL LEATHER教室。教室内可以学到从缝制到雕花等诸多与皮革相关的知识和技术。

大竹正博
日本著名皮雕大师，近乎每年在美国皮雕展上获奖。

SOUL LEATHER
茨城县稻敷郡阿见町中央4-6-18　TEL：029-802-033
OPEN：不定时（请提前咨询）
URL：http://www.soul-leather.com

1. 最多可容纳8人同时作业的教室。
2、3. 教室兼工作室里陈列着大竹先生历次的获奖作品。

SPECIAL ITEM 02

FASTENER PEN CASE
拉链笔袋

此拉链笔袋整体挺立,边缘圆润,富有高级感。可以同时放入10支标准尺寸的笔,非常实用。使用喜欢的颜色的皮革制作,你会越用越喜欢。

制作及设计:草贺浩司(CRAFT社)/ 照片:小峰秀世

SPECIAL ITEM 02 拉链笔袋

PARTS 材料

①拉链:20cm
②竖边用皮:油感牛皮(焦茶色),1mm厚
③拉链条用皮:油感牛皮(焦茶色),1.5mm厚
④主体用皮:油感牛皮(焦茶色),2mm厚

TOOLS 工具

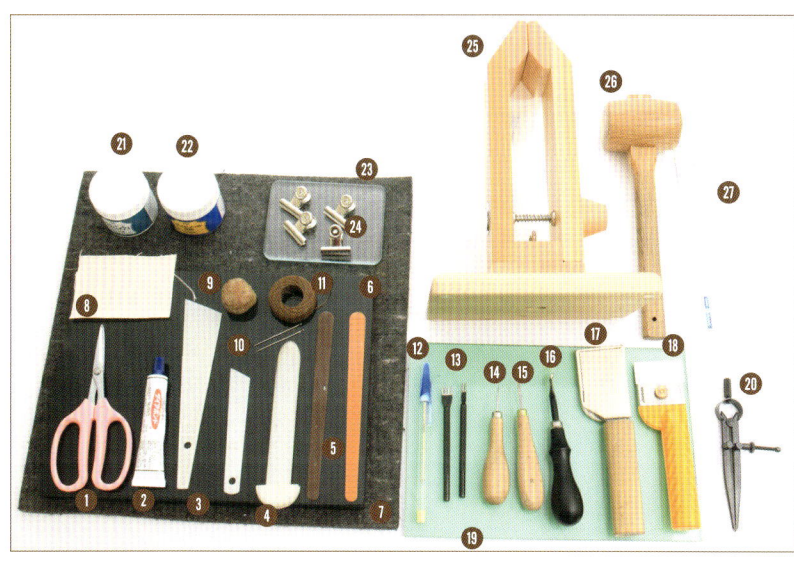

①剪刀 ②强力胶 ③L胶片(20mm、40mm) ④三用磨边器 ⑤研磨片(粗、细、极细) ⑥橡胶板 ⑦毛毡垫 ⑧打磨用的帆布 ⑨蜡 ⑩手缝针 ⑪手缝线(细) ⑫银笔 ⑬菱斩(2齿、4齿,1.5mm宽) ⑭圆锥 ⑮菱锥 ⑯削边器 ⑰裁皮刀 ⑱可替式裁皮刀 ⑲塑胶板 ⑳间距规 ㉑床面处理剂 ㉒片胶 ㉓玻璃板 ㉔铁夹 ㉕手缝木夹 ㉖木锤 ㉗直尺

165

各部件的准备

将各部件从各自对应厚度的皮革上裁切出来。对主体和拉链条的肉面进行处理。根据纸型，在各部件上做上必要的记号。

各部件的裁切

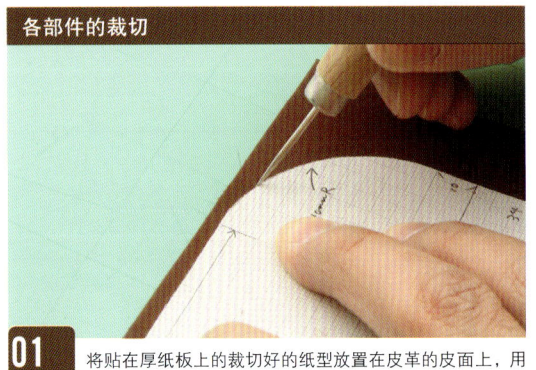

01 将贴在厚纸板上的裁切好的纸型放置在皮革的皮面上，用圆锥在周围画出轮廓线。

02 粗略裁切，沿着轮廓线裁切出大致形状就可以。

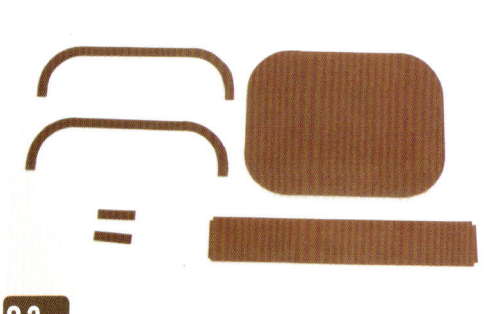

03 裁切好的各部件。

肉面处理

04 在拉链条的肉面上涂上床面处理剂。

05 在床面处理剂干之前，使用玻璃板打磨。

06 在主体的肉面上也涂上床面处理剂。

SPECIAL ITEM 02 拉链笔袋

07 只有主体和拉链条进行肉面处理。

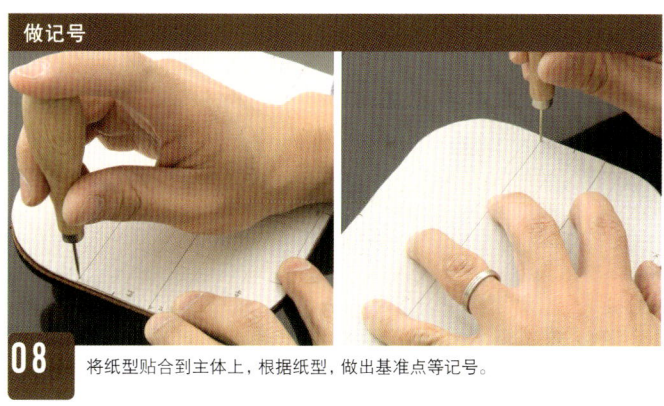

08 将纸型贴合到主体上，根据纸型，做出基准点等记号。

做记号

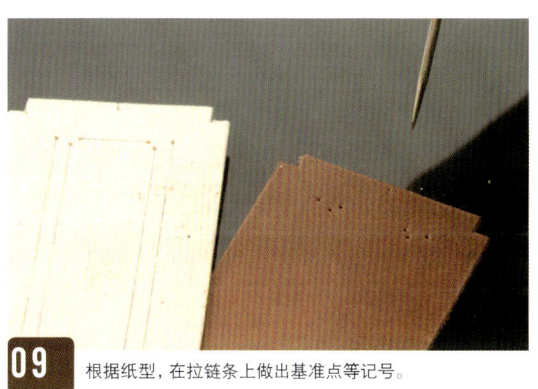

09 根据纸型，在拉链条上做出基准点等记号。

10 用圆锥连接 **09** 中做出的基准点。画出拉链开口部分长边的裁切线和拉链的缝合线。

11 同样画出拉链开口部分短边的裁切线。

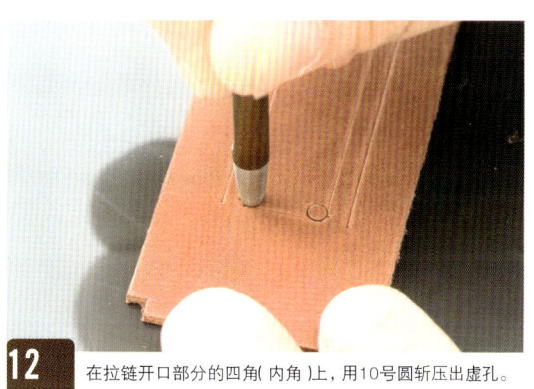

12 在拉链开口部分的四角（内角）上，用10号圆斩压出虚孔。

167

拉链的安装

在拉链条上安装拉链。将拉链和拉链条的开口部分的中心位置对齐并贴合，然后缝制在一起。

拉链条的制作

01 用间距规在拉链条的肉面四边画出8mm宽的线。根据所画的线，往外斜着削薄皮面。

02 根据拉链开口部分四角上的虚孔，用10号圆斩打出圆孔。

03 根据裁切线，用裁皮刀切割拉链开口部分的侧边。

04 短边较窄，可立起裁皮刀，从左右两边压切。

05 四边裁切完之后，拉链条上拉链的开口部分就空出来了。

SPECIAL ITEM 02 拉链笔袋

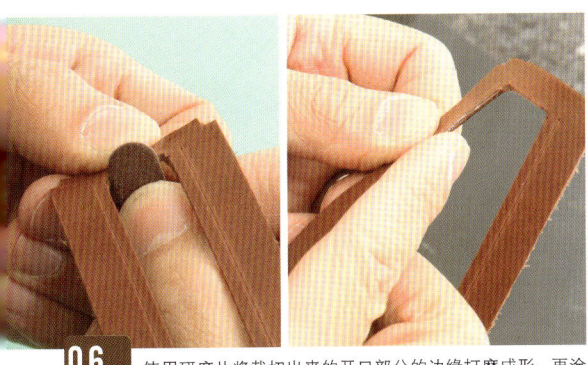

06 使用研磨片将裁切出来的开口部分的边缘打磨成形,再涂上床面处理剂。

07 用打磨用的帆布从两面仔细地打磨涂有床面处理剂的边缘。

POINT

08 转角处比较难打磨,可以使用圆锥打磨。

09 拉链条的开口部分的边缘打磨完成的状态。

在拉链条上打出缝合孔

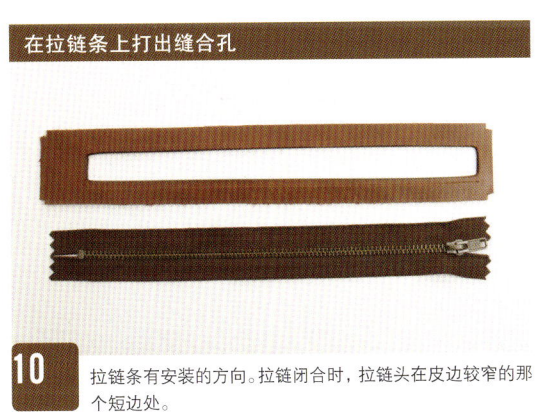

10 拉链条有安装的方向。拉链闭合时,拉链头在皮边较窄的那个短边处。

11 在拉链缝合线的两端,用圆锥扎出基准缝合孔。

拉链的安装

12 在基准缝合孔之间用菱斩打出缝合孔。

13 拉链条上拉链的缝合孔已经打好的状态。

打出与塑形边缝制的孔

14 下面打出与塑形边缝制的缝合孔。塑形边之后需要和拉链条缝制在一起。

15 在拉链条肉面侧的四周画出3mm宽的缝合线。

16 根据 15 中画出的缝合线，打出缝合孔。

SPECIAL ITEM 02 拉链笔袋

拉链的准备

17 拉链条上缝制塑形边的孔打好的状态。

18 开始处理拉链带的顶头。在拉链带顶头的表侧涂上强力胶，将两角以90°进行外折。

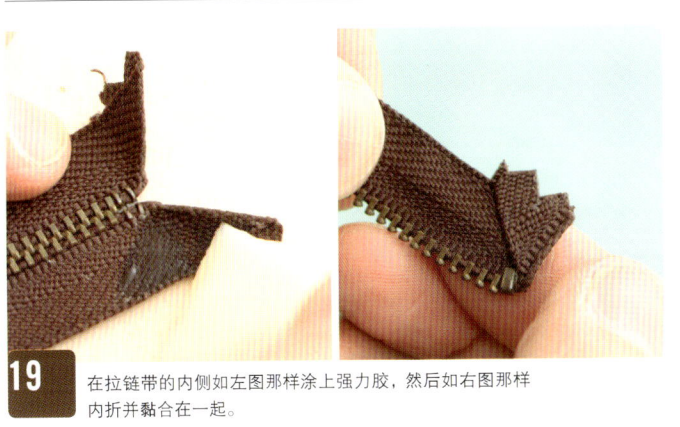

19 在拉链带的内侧如左图那样涂上强力胶，然后如右图那样内折并黏合在一起。

20 拉链带两端均处理完成后，用剪刀剪掉黏合后超出拉链带的部分。

拉链与拉链条的缝制

21 拉链的准备作业就结束了。

22 准备拉链和拉链条，确认安装方向。

拉链的安装

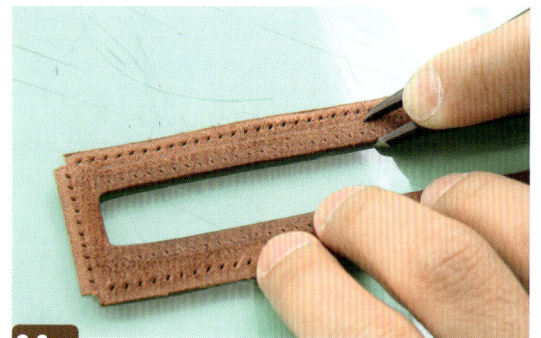

23 在拉链条开口内侧的肉面上画出6mm宽的虚线。

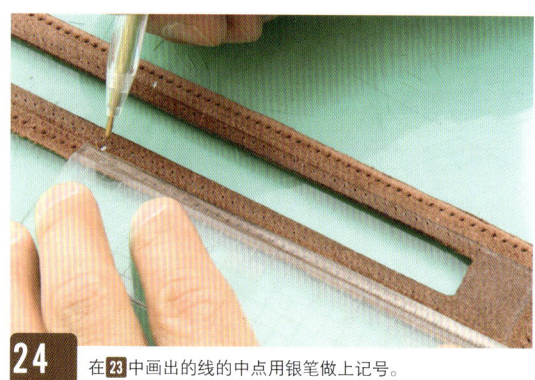

24 在 **23** 中画出的线的中点用银笔做上记号。

25 将拉链对折，找出中间位置。

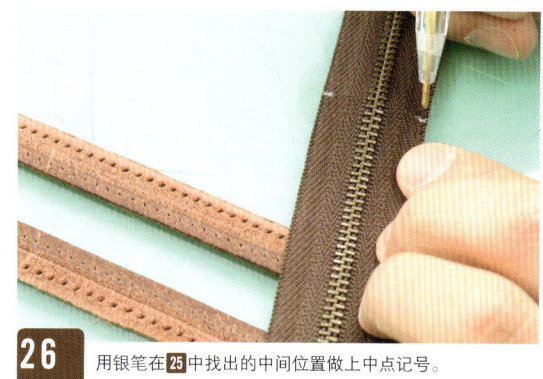

26 用银笔在 **25** 中找出的中间位置做上中点记号。

27 在 **23** 画线的范围内涂上强力胶。

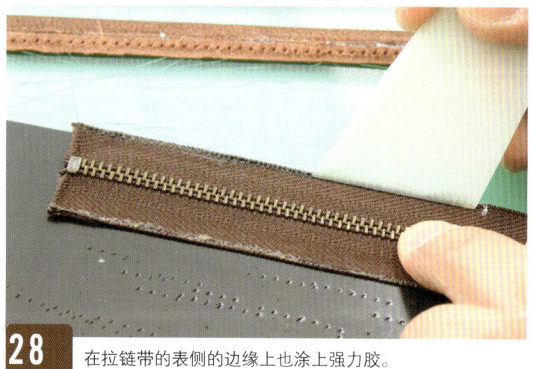

28 在拉链带的表侧的边缘上也涂上强力胶。

SPECIAL ITEM 02 拉链笔袋

29 对齐拉链条和拉链带安装的中点并黏合。

30 拉链和拉链条黏合好的状态。

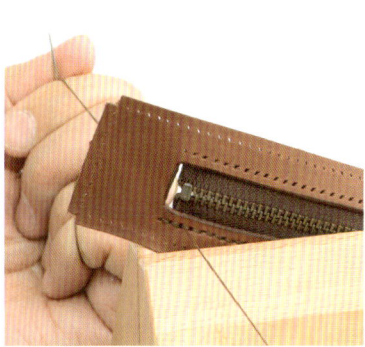

31 起始处回缝两个孔后继续缝制。在缝制结束处也回缝两个孔再结尾。草贺先生在表里两侧都回缝了两针，缝制结束时在表里两侧各拉出一根线。

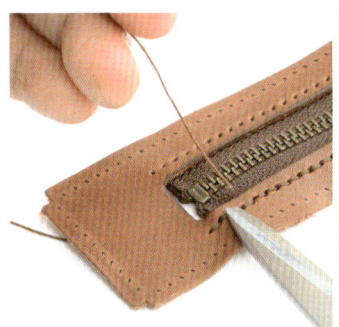

32 尽量紧贴着皮面将线剪断，在剪断的线头上涂上白胶，做结尾处理。

33 两边都缝制好后，拉链与拉链条便缝制在一起了。

173

塑形边的安装

拉链安装在拉链条上后，便需要安装四边的塑形边。

安装长边的塑形边

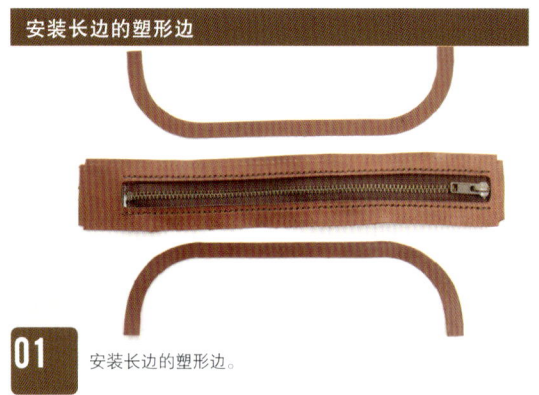

01 安装长边的塑形边。

02 在拉链条皮面的四周，刮出3mm宽的粗糙面。

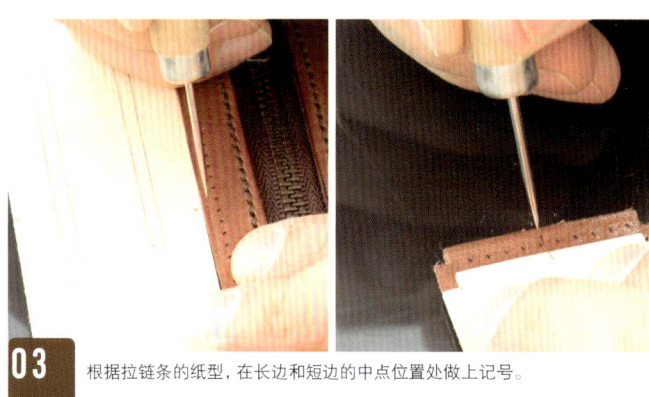

03 根据拉链条的纸型，在长边和短边的中点位置处做上记号。

04 将塑形边的皮面内侧边缘3mm宽的部分刮粗糙。

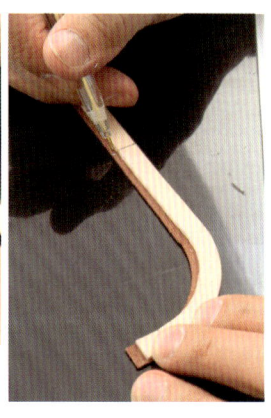

05 根据纸型，在塑形边的中点位置处做上记号。

06 在 04 刮粗的塑形边皮面上涂上白胶。

SPECIAL ITEM 02 拉链笔袋

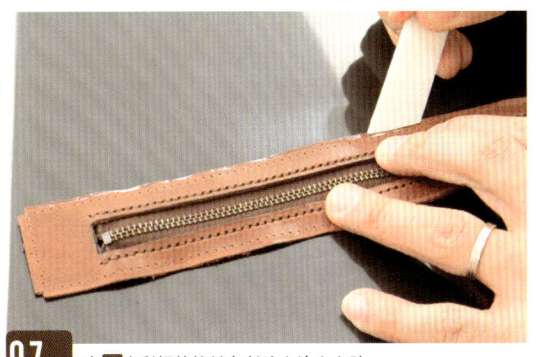

07 在 02 中刮粗的拉链条长边上涂上白胶。

08 对准拉链条和塑形边内侧做的中点记号，将两部件黏合。

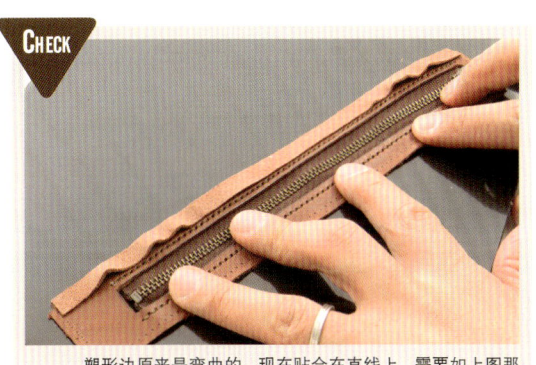

CHECK 塑形边原来是弯曲的，现在贴合在直线上，需要如上图那样将褶皱的地方抚平。

09 塑形边与拉链条黏合后，根据P170 16 中拉链条上做出的缝合孔，用菱锥穿过缝合孔在塑形边上扎出缝合孔。

10 长边的塑形边和拉链条黏合好，并打好缝合孔的状态。

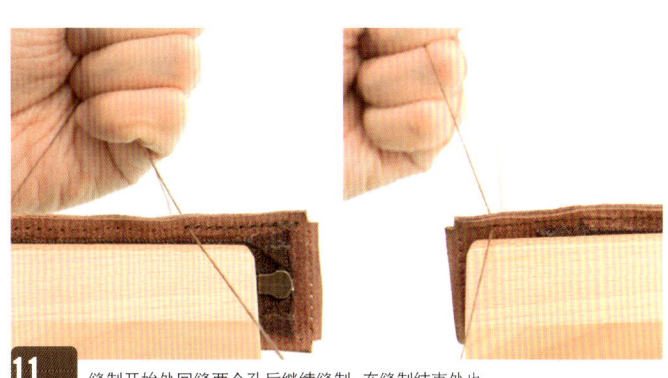

11 缝制开始处回缝两个孔后继续缝制。在缝制结束处也回缝两个孔再结尾。

175

> 塑形边的安装

12 缝制结束后的线尽量剪短,在线头上涂上白胶,做结尾处理。

13 另一侧的塑形边以同样方式进行缝制。

安装短边的塑形边

14 长边的塑形边与拉链条缝制好的状态。

15 准备拉链条和塑形边。

16 将塑形边长边皮面3mm宽的边缘刮粗。

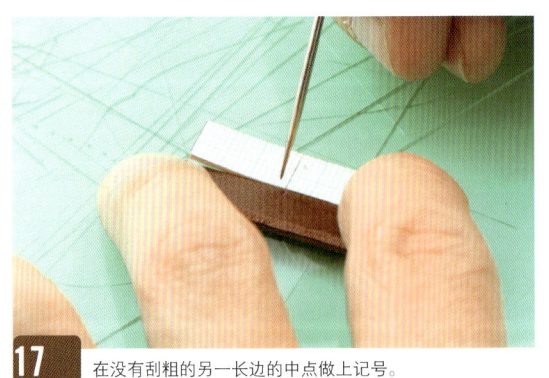

17 在没有刮粗的另一长边的中点做上记号。

SPECIAL ITEM 02 拉链笔袋

18 在之前刮粗的拉链条短边与 16 中刮粗的塑形边上涂上白胶，对准边缘的位置黏合起来。

19 拉链条的短边和塑形边黏合好的状态。

20 用菱锥贯穿拉链条上已做好的缝合孔，在塑形边上扎出缝合孔。

21 缝制短边的塑形边。对缝制开始和结束处进行双重缝制。

177

塑形边的安装

四边的塑形边与拉链条
缝合好的状态。

22

主体与拉链条的缝制

将安装好塑形边的拉链条与主体缝合在一起。主体和拉链条缝合好后，笔袋的形状就完成了。

主体的准备

01 准备主体和安装好拉链、塑形边的拉链条。

02 将纸型紧贴在主体的皮面上，用银笔在各边的中点位置做上记号。

03 做出的记号为如图所示的4处。

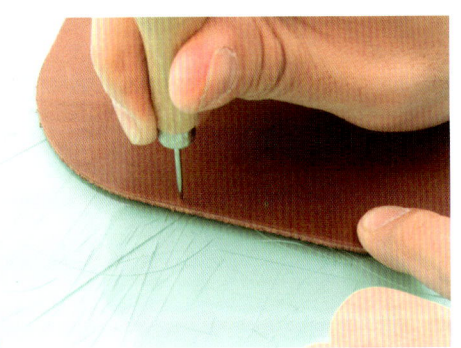

04 根据P167 **08** 中做出的基准点记号，用圆锥扎出基准缝合孔。

SPECIAL ITEM 02 拉链笔袋

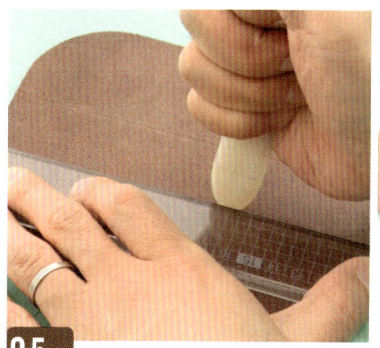

05 根据 04 中扎出的基准缝合孔，在肉面上用三用磨边器画出折弯线。

在主体上打出缝合孔

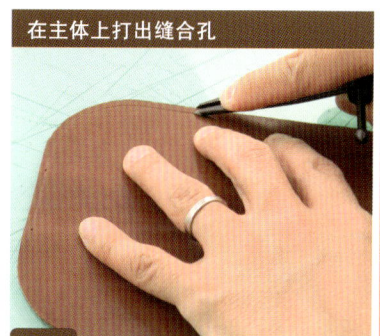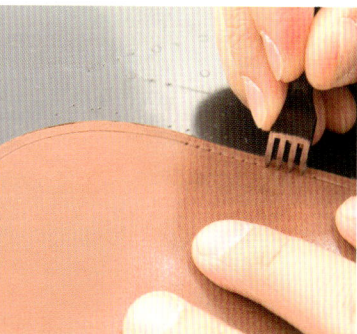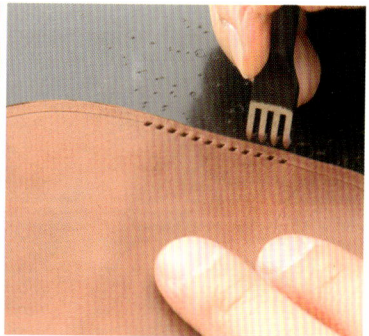

06 在主体皮面的四周画出3mm宽的缝合线，参照 04 中扎出的基准缝合孔，打出缝合孔。

07 转角处使用2齿菱斩，尽可能将缝合孔平滑地连接在一起。

08 主体四周的缝合孔打好的状态。

主体与拉链条的缝制

主体与拉链条的黏合

09 将主体肉面的四周边缘打磨出3mm宽的粗糙面。

10 将与拉链条缝合的塑形边翻起来。

CHECK

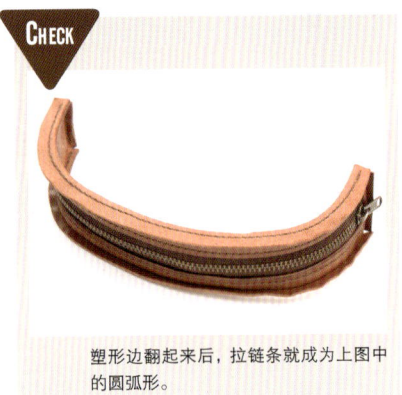

塑形边翻起来后,拉链条就成为上图中的圆弧形。

11 在短边塑形边的肉面和对应的主体折弯基准点间边缘的肉面上涂上白胶。

12 对齐中点记号,将短边塑形边和主体黏合起来。用三用磨边器摩擦压紧。

SPECIAL ITEM 02 拉链笔袋

13 在长边塑形边肉面和对应的主体边缘上也涂上白胶。先对准中点，然后将塑形边和主体的弯曲边对齐黏合。

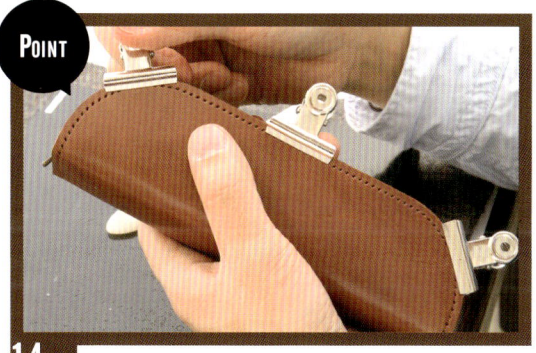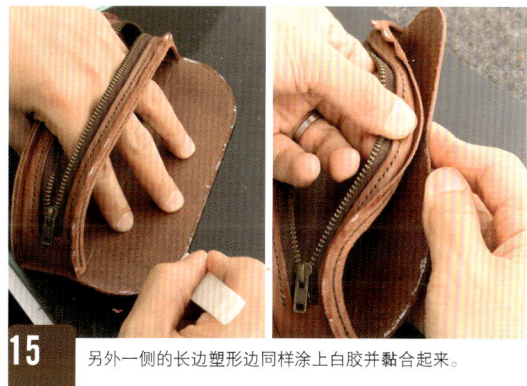

POINT

14 长边塑形边和主体黏合好后，用铁夹夹住边缘，直到白胶干透。

15 另外一侧的长边塑形边同样涂上白胶并黏合起来。

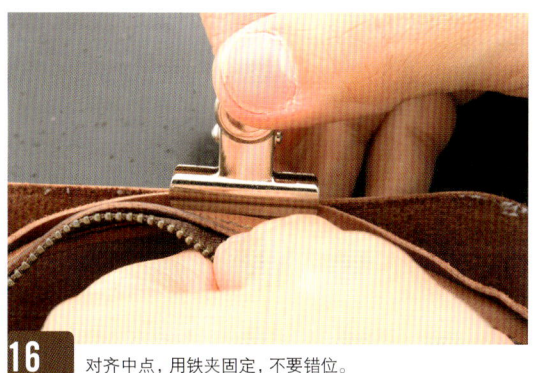

16 对齐中点，用铁夹固定，不要错位。

17 全部的塑形边和主体黏合好之后，笔袋的形状就出来了。

主体与拉链条的缝制

缝制

18 用研磨片将黏合好部分的边缘打磨成形。

19 用菱锥贯穿之前在主体上打好的缝合孔,在塑形边上戳出缝合孔。

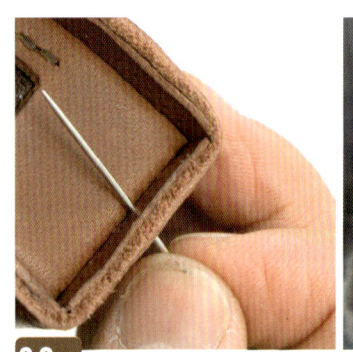

20 准备缝制距离4倍的手缝线,在手缝线两头穿上手缝针。从哪里开始缝制都可以。

CHECK

从折弯处的基准缝合孔开始缝,塑形边与塑形边的间隙肯定能够穿过手缝针。

21 一圈缝制,缝到开始的基准缝合孔后,再回缝两个孔。

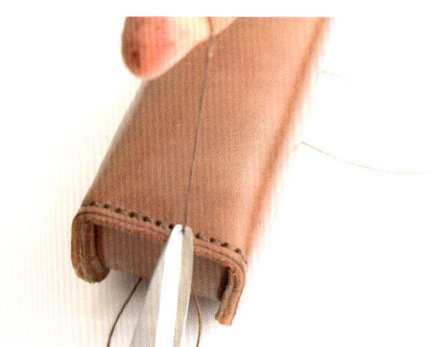

22 尽量在靠近皮面的位置将手缝线剪断。

SPECIAL ITEM 02 拉链笔袋

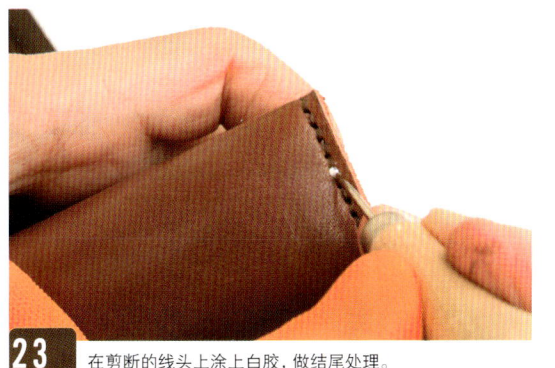

23 在剪断的线头上涂上白胶，做结尾处理。

24 拉链条与主体缝制结束，笔袋的形状已基本完成。

边缘的加工

加工缝合好的主体和塑形边的边缘。边缘加工是优秀作品的关键，尽可能要认真处理。

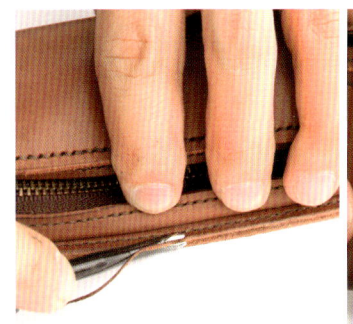

01 对边缘的两面都进行削边处理。

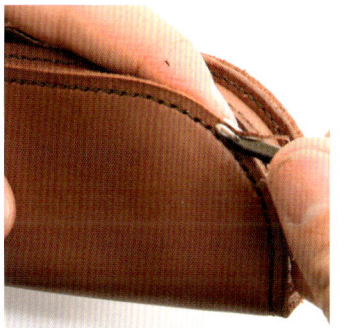

02 削边后草贺先生在边缘涂上了床面处理剂。

03 用打磨用的帆布打磨涂有床面处理剂的边缘。

04 再在边缘涂上床面处理剂，用极细的研磨片打磨成形。

183

边缘的加工

05 再次涂上床面处理剂,用打磨用的帆布打磨。

06 用帆布打磨后,在边缘上擦拭上蜡。

完成

07 再次使用打磨用的帆布打磨涂有蜡的边缘,打磨出亮光。

边缘打磨结束,整个作品就完成了。

SHOP INFORMATION

工具和材料都汇集于此

CRAFT社经营从原创工具到材料各种皮革用具,同时也开设了皮革教室CRAFT学园。

草贺浩司
CRAFT社直营店"革乐屋"的店长。精通手缝和皮雕技术。

CRAFT社 荻洼店
日本东京都杉井区荻洼5-16-15
TEL: 03-3393-2229
URL: http://www.craftsha.co.jp

纸型

- 本书中记载的纸型有原大尺寸和缩小了50%尺寸的,缩小的尺寸在复印的时候需要扩大200%。
- 复印的纸型用胶水或固体胶贴到硬纸板上,裁切之后使用。
- 根据使用皮革的种类和厚度,有时候也要做出必要的调整。
- 禁止将本书中作品的纸型进行复制并售卖。纸型仅限于个人使用。

钥匙扣

四合扣（母扣）安装位置

主体

四合扣（公扣）安装位置

P16

IC卡套　　　　　　　　　　　P24

鸡眼扣安装孔

主体

卡袋

智能手机套 P38

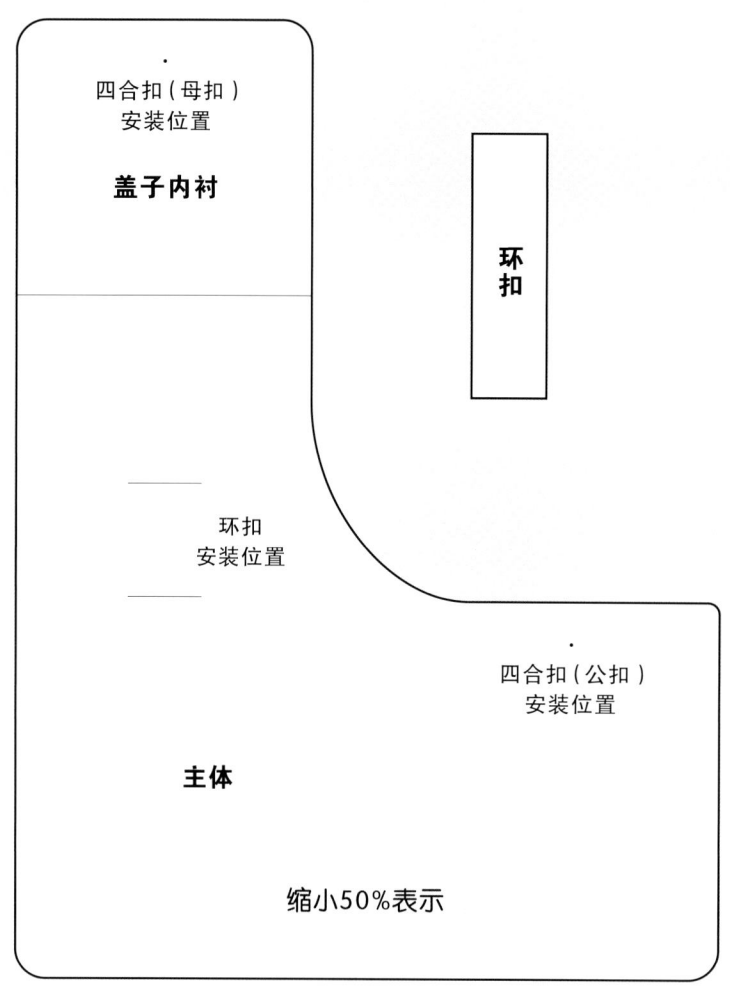

钥匙包 P62

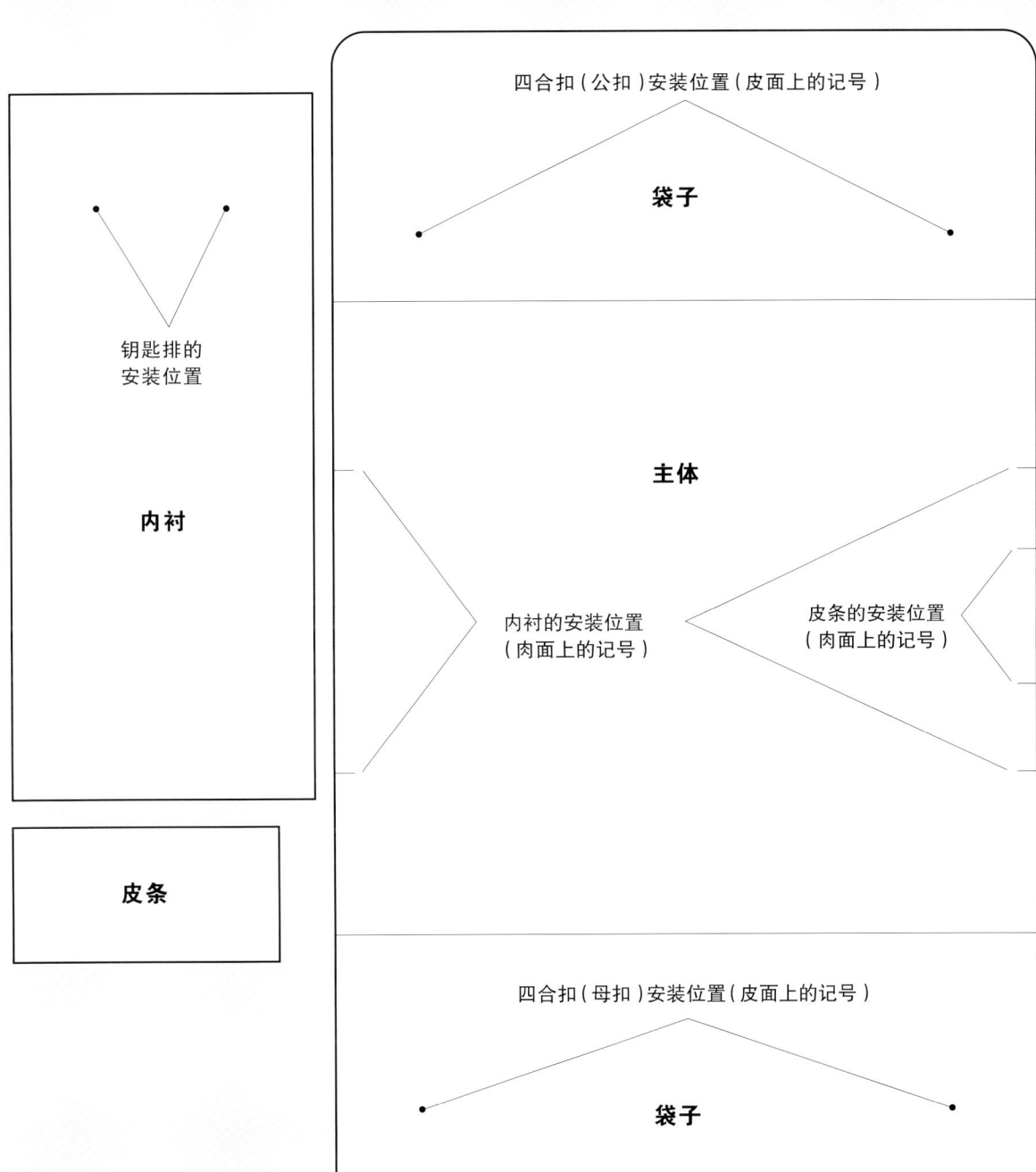

| 手拿包 | P82 |

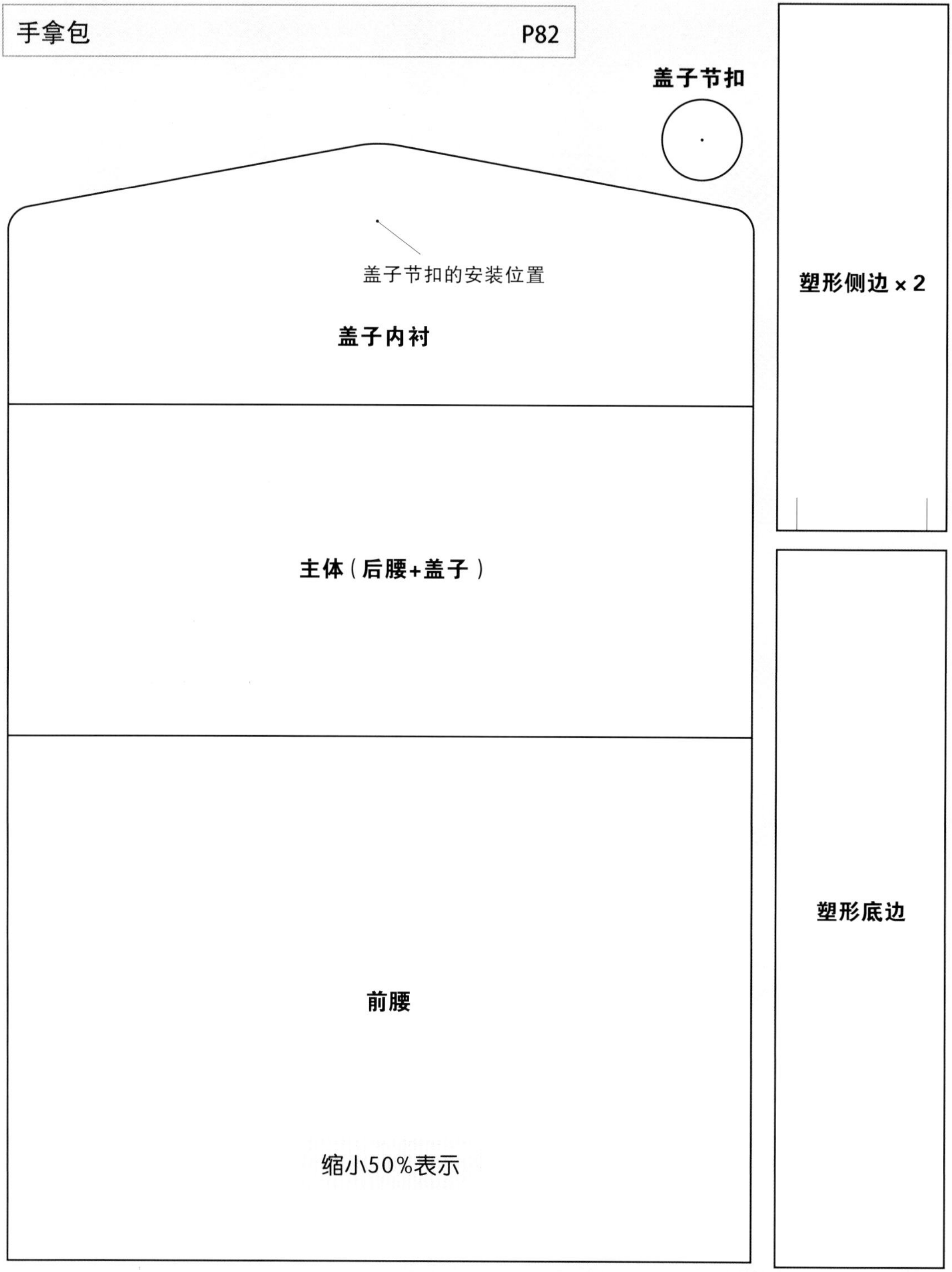

盖子节扣

盖子节扣的安装位置

盖子内衬

主体（后腰+盖子）

塑形侧边 × 2

塑形底边

前腰

缩小50%表示

笔记本封套 P110

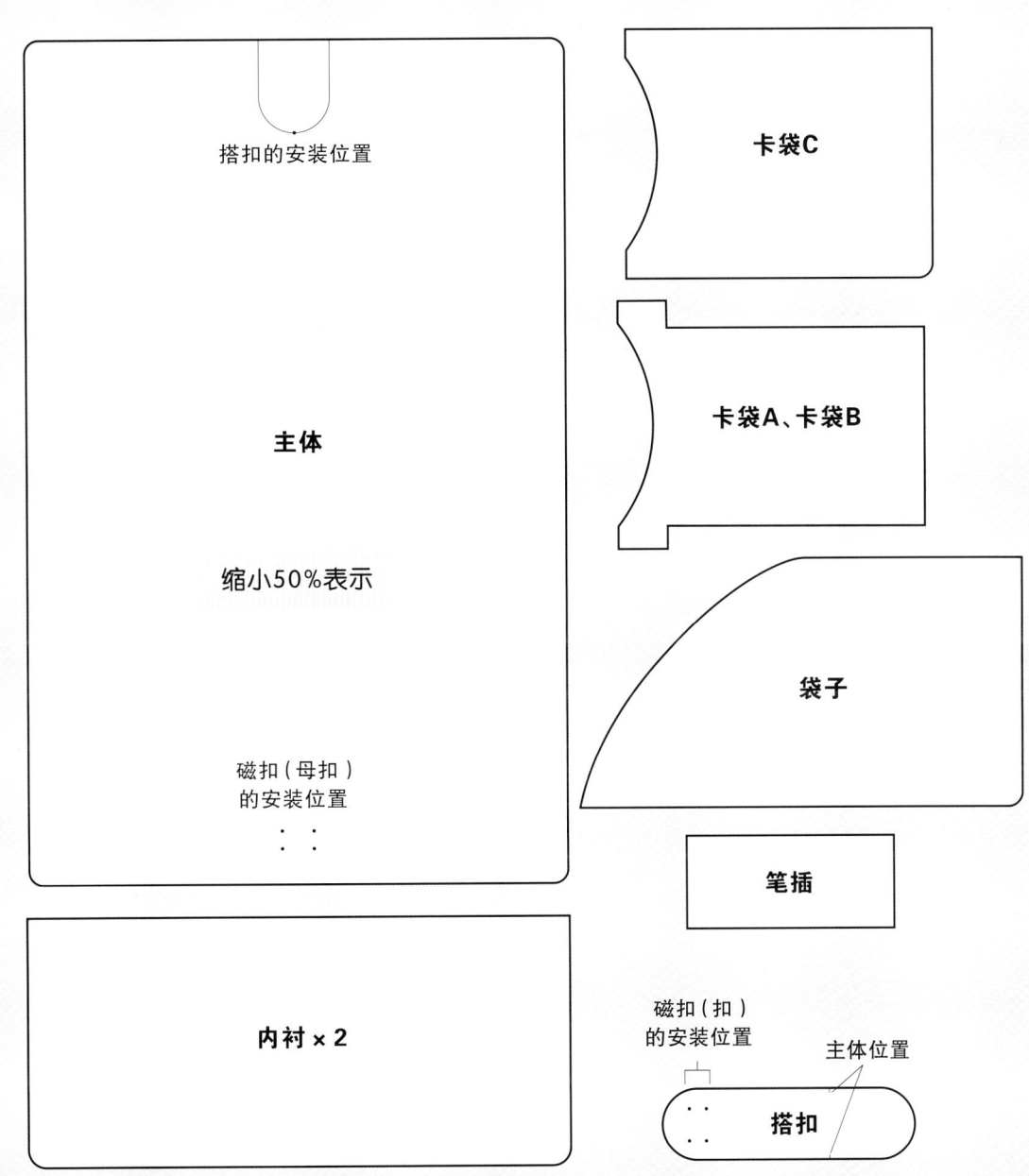

印花眼镜盘　　　　　　　　　　　　　　　　　　　　　P146

边缘线

主体

缩小50%表示

拉链笔袋　　　　　　　　　　　　　　　　　　　　　　　　　　P164

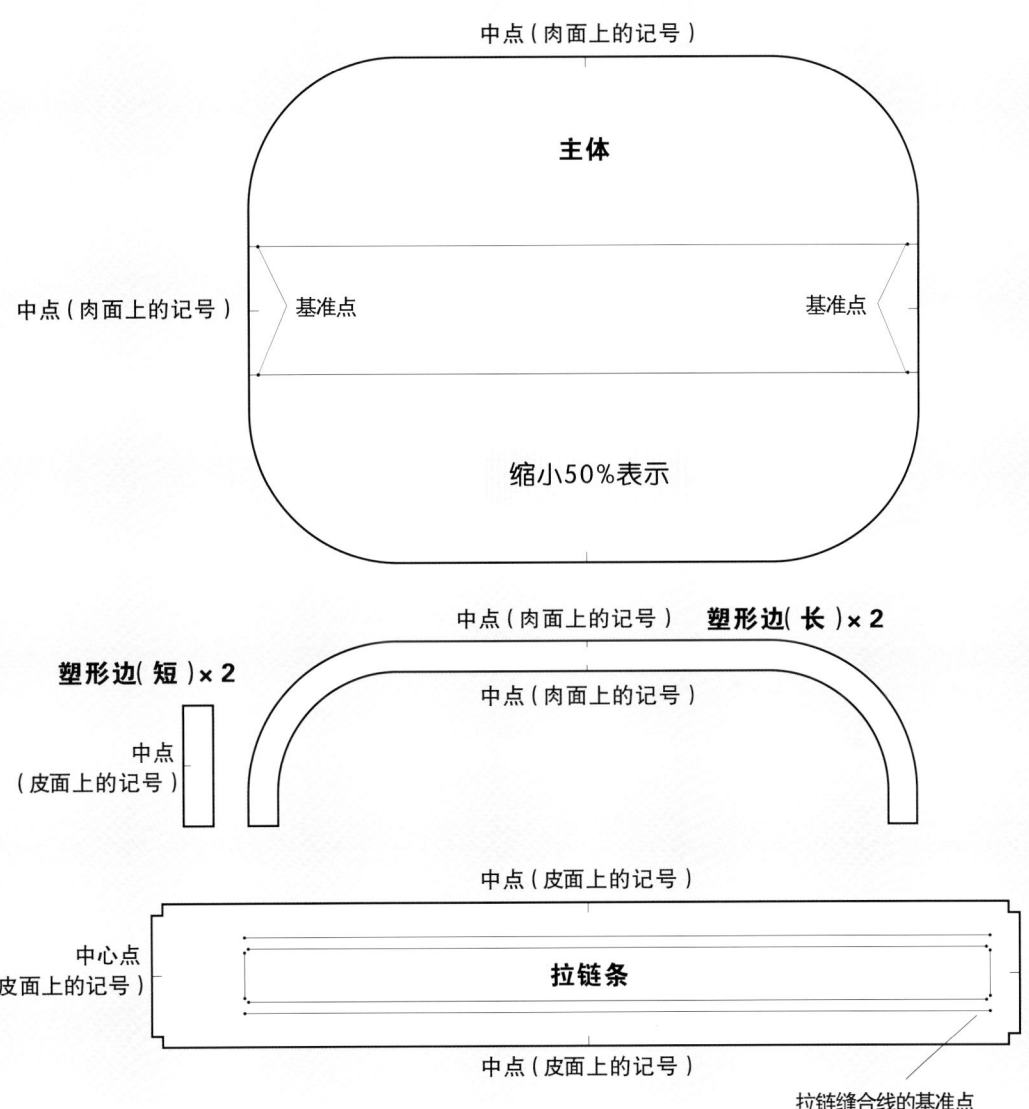

豫著许可备字-2017-A-0029
革で作るステーショナリー2
Copyright © STUDIO TAC CREATIVE Co., Ltd.2016
Original Japanese edition published by STUDIO TAC CREATIVE CO., LTD
Chinese translation rights arranged with STUDIO TAC CREATIVE CO., LTD
through Shinwon Agency.
Chinese translation rights © 2018 by Central China Farmer's Publishing House Co.,Ltd.

摄影：
小峰秀世　Hideyo Komine
柴田雅人　Masato Shibata

图书在版编目（CIP）数据

皮革工艺. 商务套件 / 日本STUDIO TAC CREATIVE编辑部编；丁亮，陈江云译. —郑州：
中原农民出版社,2018.5
ISBN 978-7-5542-1887-7

Ⅰ.①皮… Ⅱ.①日… ②丁… ③陈… Ⅲ.①皮革制品—手工艺品—制作 Ⅳ.①TS56

中国版本图书馆CIP数据核字（2018）第101055号

出版：中原出版传媒集团　中原农民出版社
地址：郑州市经五路66号
邮编：450002
电话：0371-65788679
印刷：河南安泰彩印有限公司
成品尺寸：182mm×210mm
印张：12
字数：190千字
版次：2018年7月第1版
印次：2018年7月第1次印刷
定价：68.00元